新型农民现代农业技术与技能培训丛书

板栗园艺工培训教材

编著者

张　毅　田寿乐　薛培生
张　琮　孙敬国　杨兴华

金盾出版社

内 容 提 要

本书是“新型农民现代农业技术与技能培训丛书”的一个分册，由山东省果树研究所等单位的专家编写。内容包括：板栗园艺工的岗位职责与素质要求，板栗园艺工需具备的基础知识，优良品种与砧木的选择，苗木培育与高接换种技术，建园技术，土肥水管理技术，板栗的整形修剪技术，花果管理技术和果实的采收及贮藏。本教材适用于县（市）、乡（镇）和农业企业相关工种的岗位培训，亦可供广大青年农民及相关专业师生阅读参考。

图书在版编目(CIP)数据

板栗园艺工培训教材/张毅等编著．—北京：金盾出版社，2008.6

（新型农民现代农业技术与技能培训丛书）

ISBN 978-7-5082-5118-9

Ⅰ.板… Ⅱ.张… Ⅲ.板栗-果树园艺-技术培训-教材 Ⅳ.S664.2

中国版本图书馆 CIP 数据核字(2008)第 070792 号

金盾出版社出版、总发行

北京太平路 5 号（地铁万寿路站往南）

邮政编码：100036 电话：68214039 83219215

传真：68276683 网址：www.jdcbs.cn

封面印刷：北京百花彩印有限公司

正文印刷：北京华正印刷有限公司

装订：北京华正印刷有限公司

各地新华书店经销

开本：850×1168 1/32 印张：5.25 字数：132 千字

2008 年 6 月第 1 版第 1 次印刷

印数：1—10000 册 定价：9.00 元

新型农民现代农业技术与技能培训丛书

序　　言

中共中央、国务院［2007］1号文件明确指出，加强“三农”工作，积极发展现代农业，扎实推进社会主义新农村建设，是全面落实科学发展观、构建社会主义和谐社会的必然要求，是加快社会主义现代化建设的重大任务。

我国农业人口众多，发展现代农业、建设社会主义新农村，是一项伟大而艰巨的综合工程，不仅需要深化农村综合改革、加快建立投入保障机制、加强农业基础建设、加大科技支撑力度、健全现代农业产业体系和农村市场体系，而且必须注重培养新型农民，造就建设现代农业的人才队伍。

胡锦涛总书记在党的十七大报告中进一步指出，要培育有文化、懂技术、会经营的新型农民，发挥亿万农民建设新农村的主体作用。

新型农民是一支数以亿计的现代农业劳动大军，这支队伍的建立和壮大，只靠学校培养是远远不够的，主要应通过对广大青壮年农民进行现代农业技术与技能的培训来实现。金盾出版社在对农业岗位培训进行广泛调研的基础上，与中国农业大学老科技工作者协会、华中农业大学老教授协会等单位共同策划，约请数百名农业专家、学者参加，组织编写了“新型农民现代农业技术与技能培训丛书”(以下简称“丛书”)。“丛书”坚持从现阶段我国青壮年农民的文化技术水平出发，突出现代农业技术与技能的传授，注重其先进性和实用性；“丛书”以教材形式编写，共有88个分册，涉及81个农业岗位，除水稻农艺工、蔬菜园艺工、蔬菜植保员、果树植保员分南方本和北方本外，其他均为一个岗位一本培训教材，以方便县(市)、乡(镇)、村组织新型农民培训和农业企业进行岗位培训时选用。“丛书”的组编和出版，还得到了河北农业大学、沈阳农业大学、西北农林科技大学、甘肃农业大学、北京农学院、山东畜牧兽医职业技术学院、大连民族学院、中国农业科学院茶叶研究所、中国农业科学院油料研究所、中国农业科学院郑州果树研究所、中国农业科学院特产研究所、中国农业科学院桑蚕研究所、中国养蜂学会、内蒙古自治区农牧科学院、甘肃省蔬菜研究所、山东省果树研究所、广西壮族自治区柑橘研究所、山西省畜牧兽医研究所等单位部分专家、教授的支持和参与，并列入劳动和社会保障部《全国职业培训与技能鉴定用书目录》，进行推荐，使我们深感欣慰，在此表示衷心感谢。我们希望和相信，通过“丛书”的出版发行，能为新型农民队伍的发展壮大贡献一份力量，也能为现代农业技术与技能培训积累一些可供借鉴的经验。

“丛书”编写时间有限，各分册存在不足或错漏在所难免，恳请同仁和各使用单位批评指正。

编委会

2008 年 1 月

前　言

为促进现代农业的发展，实现又好、又快的发展目标，培育具有现代农业意识和现代农业技术与技能的新型劳动者，已成为我国现阶段乃至今后农业发展的必然要求。为此，我们组织了有关人员针对这一现象编写了这本教材。

本教材的编写，是以我国板栗生产的实际情况为出发点，兼顾南北方产区的差异，在阐述理论知识的同时，着重讲解操作技能，突出实用性、先进性。本教材的读者定位在具有初中以上文化程度的青年农民，使他们通过对本教材的培训或自学，初步具备适应现阶段先进农业生产岗位的业务和技术素质。

教材共设十章，第一章介绍板栗园艺工应具备的岗位职责和素质要求；第二章至第十章按照生产技术环节，系统讲述板栗栽培方面的基础理论知识、栽培技术和技能。为便于读者对相关知识的理解和认识，书中还配有一定数量的图表，更生动直观地展现技术要点。

本教材实用性强，既可作为培训、考核板栗园艺工技术水平的依据，也可供广大果农、果树技术人员及果品生产者参考使用。

本书的编写十分仓促，加之水平有限，错漏之处在所难免，敬请同行专家和广大读者批评指正。

编 著 者

2008 年 3 月

目　录

第一章　板栗园艺工的岗位职责与素质要求

一、岗位职责

第一，热爱果树园艺工作，能吃苦耐劳，刻苦钻研果树栽培知识，勇于实践，锐意进取，不断提高自身技能。

第二，遵守果园有关规章制度，安全生产。

第三，爱护果园设施，节能减排，高效生产；爱护果树，适时施肥、浇水、松土、锄草、修剪，精细养护，防止死树，力争增产。

第四，做好病虫害防治工作，及时有效地防治病虫害。

第五，做好采收、贮藏、运输等采后工作，遇到突发事件，如火灾与洪水等，能够沉着应对，尽量减少经济损失。

第六，做好果园安全保卫工作，看护好果树和生产工具，防止丢失。

二、素质要求

（一）职业道德

1. 社会主义职业道德　是指社会主义社会各行各业的劳动者，在职业活动中必须共同遵守的基本行为准则。它是判断人的职业行为优劣的具体标准，也是社会道德在职业生活中的反映。由于社会是一个有机的统一整体，因此各行各业具有共同的职业道德规范。社会主义职业道德规范，既是人们对各种职业道德关系和道德行为要求的概括和总结，也是所有从事社会主义事业的劳动者都应共同遵守的行为准则。社会主义职业道德建设有以下几个基本问题：

(1)为人民服务是社会主义职业道德建设的核心　为人民服务是实现社会主义和市场经济结合条件下职业道德行为的价值中介和精神基础。把为人民服务作为社会主义道德建设的核心，是中国共产党人在伦理思想建设上的一项重大贡献，是中国共产党正确认识时代特征、把握社会前进的脉搏、洞察历史发展大势的必然结论。只有以为人民服务为出发点，才能促进职业道德水平的不断提高，发挥社会主义制度的优越性。

(2)集体主义是社会主义职业道德建设的原则　集体主义的本质特征是一切从集体和个人利益统一的观点出发，把集体利益放在头等地位。集体主义是社会化大生产的必然产物和社会主义制度的必然要求。市场经济条件下，集体主义作为职业道德的原则是社会主义道德建设的必然和市场经济的内在要求。无论在经济活动和政治活动、思想活动中，都应当用社会主义集体主义道德原则指导自己的行为。

(3)提高全民族科学文化教育水平是社会主义职业道德建设的基础　首先，教育科学、文化事业的发展，一方面是社会经济发展的客观要求，另一方面也为先进思想的传播、开拓人们的视野、提高人们的思想觉悟奠定科学文化知识的基础。其次，教育科学文化建设为思想道德建设和各种职业培养人才，提供各种设施和传播工具。第三，教育科学文化建设的发展，能迅速改变人们的思想方法、生活方式和职业规范，冲破某些旧的思想观念的束缚，树立新的道德风尚。

(4)广大劳动人民是社会主义职业道德建设的主体　劳动人民群众是历史的创造者，是道德行为的主体。搞好职业道德建设，不仅要路线正确、领导正确，更要发动广大劳动人民积极参与和监督。劳动群众是职业道德表现和评价的主体，通过劳动群众的投诉和反映，表现了职业道德水平现状，才有了整个社会的职业道德心态。同时，各行各业劳动群众又是职业道德的主体和表现者，其行为也影响着整个社会风气。其次，只有依靠劳动群众，才能做到先进性要求和广泛性要求的统一。最后，只有广大人民的参与和监督，才能形成道德建设机制，切实保障其顺利发展。爱岗敬业、诚实守信、办事公道、服务人民和奉献社会，是社会主义职业道德的基本要求。

2. 板栗园艺工职业道德　随着世界经济一体化趋势的发展，在社会主义市场经济条件下，板栗园艺工职业道德在继承和发扬中华民族传统美德的前提下，又具有鲜明的时代特征。

（1）爱岗敬业，尽职尽责　板栗园艺工要热爱自己的工作岗位，兢兢业业工作，踏踏实实做人。

（2）诚实守信，文明经营　社会主义市场经济条件下，经营要讲信誉，讲道德，讲良心，不做坑害消费者的事，不做有损行业形象的事，文明经营，合法收入。

（3）勤俭节约，高效生产　生产中反对奢侈浪费，积极倡导节能减排，经济使用各种能源，降低生产成本，努力提高生产效率和产品效益。

（4）遵纪守法，正直无私　要提高法律意识，学习法律知识，遵守法律法规，自觉维护市场经济秩序，不搞非法经营，不违法乱纪。

（5）尊重知识，开拓进取　要自觉学习专业知识，不断提高自身业务素质，学以致用，做学习型、开拓型横范。

（二）法律常识

1. 劳动合同法　也称劳动契约、劳动协议，是指劳动者同企业、事业、机关及团体等用人单位为确立劳动关系，明确双方责任、权利和义务而签订的协议。根据协议，劳动者加入某一用人单位，承担某一工作和任务，应遵守单位内部的劳动规则和其他规章制度。企业、事业、机关及团体等用人单位，有义务按照劳动者的劳动数量和质量支付劳动报酬，并根据劳动法律、法规和双方的协议，提供各种劳动条件，保证劳动者享受本单位成员的各种权利和福利待遇。

2. 农产品质量安全法 为保障农产品质量安全，维护公众健康，促进农业和农村经济发展，我国制定了《农产品质量安全法》。该法从中国农业生产的实际出发，遵循农产品质量安全管理的客观规律，针对保障农产品质量安全的主要环节和关键点，确立了相关的基本制度，主要包括：

第一，政府统一领导，农业主管部门依法监管，其他有关部门分工负责的农产品质量安全管理体制。明确了国家、各级政府在法律实施中的职能与作用，如国务院农业行政主管部门应当设立由有关方面专家组成的农产品质量安全风险评估专家委员会，对可能影响农产品质量安全的潜在危害，进行风险分析和评估；对评估结果采取相应的管理措施，并将农产品质量安全风险评估结果及时通报国务院有关部门等。

第二，农产品质量安全标准的强制实施制度。政府有关部门应当按照保障农产品质量安全的要求，依法制定和发布农产品质量安全标准并监督实施；不符合农产品质量安全标准的农产品，禁止销售。

第三，防止因农产品产地污染而危及农产品质量安全的农产品产地管理制度。县级以上人民政府农业行政主管部门应当采取措施，推进保障农产品质量安全的标准化生产综合示范区、示范农场、养殖小区和无规定动、植物疫病区的建设。根据有关标准，对认为不适宜特定农产品生产的，提出禁止生产的区域，报本级人民政府批准后公布；对生产中的生产资料使用作出规定等。

第四，保障农产品质量安全的生产技术要求和操作规程的实施制度。对可能影响农产品质量安全的农药、兽药、饲料和饲料添加剂、肥料及兽医器械，依照有关法律、行政法规的规定实行许可制度；加强对农产品生产者质量安全知识和技能的培训；建立农产品生产记录制度；生产者对农业投入品的使用，应严格执行农业投入品使用安全间隔期或者休药期的规定；农产品生产和经营组织对产品质量安全状况进行检测，按检测结果对农产品进行处理。

第五，农产品的包装和标识管理制度。对销售的农产品，按照规定应当包装或者附加标识的，须经包装或者附加标识后方可销售；规定包装物及标识内容；对转基因生物的农产品的规定；依法需要实施检疫的动、植物及其产品，应当附具检疫合格标志与检疫合格证明；生产者应对相关农产品质量标志申请使用等。

第六，农产品质量安全监督检查制度。对严禁销售的农产品的认定；国家农产品质量安全监管、检测制度的建设等。

第七，农产品质量安全的风险分析、评估制度和农产品质量安全的信息发布制度。

第八，对农产品质量安全违法行为的责任追究制度。

（三）专业素质

1. 了解国内外生产和经营状况

第一，了解国内外生产特点和动态，对目前生产现状，尤其是对国外生产现状有所了解，结合我国或当地生产情况，引进技术或资源，继承、利用和再创新。

第二，了解市场发展动态，掌握国内、国际市场的供求特点、能够及时获取市场供求信息。

第三，对国际重要农业组织有所认识，了解各组织的特点及发布的各种规定或标准，如：国际有机农业联盟（IFOAM）、国际有机农业标准委员会（NOSB）、欧洲良好农业规范（EUREPGAP）、中国绿色食品发展中心(CGFDC)、中国有机食品发展中心(OFDC)及日本农业标准(JAS)等。

第四,能对果品生产和市场发展方向或趋势做出可靠预测。

2. 对专业基础知识的要求

第一,了解当地气候特征、地形地貌、土壤特点和植被类型等。

第二,熟悉当地主要栽培果树的种类或品种,了解生长发育规律,掌握主要栽培技术原理。

第三,了解品种特点及引种规则。

第四,了解建园、苗木繁育、栽植技术等基本知识,熟知适宜本地栽培的果树树种及品种特性。

第五,了解果园管理的一般内容,初步掌握管理措施。

第六,了解果品采后分级、包装、贮运及销售等相关知识。

3. 对操作技能的要求

第一,能根据当地生态特点,确定适宜发展的果树树种或品种,并制订生产计划。

第二,能根据地理位置、交通条件和市场因素等,进行合理的果园规划。

第三,掌握育苗、栽植、土肥水管理、花果管理、整形修剪、病虫害防治等果园常规管理技术。

第四,掌握果实丰产、优质高效栽培技术,初步掌握绿色无公害生产技术措施。

第五,能够判断品种优劣,掌握高接换优技术。

第六,能够做到适时采收,并对果品进行分级、包装和贮藏保鲜。

第二章　板栗园艺工需具备的基础知识

一、板栗的生物学基础

(一)板栗的主要产区及栽培区划

1. 我国板栗的主要产区　板栗原产于我国，是我国古老的坚果树种之一，已有6000多年的栽培历史。我国板栗资源丰富，分布区域广阔，北起吉林(北纬41°20′)，南至海南(北纬18°30′)，西起雅鲁藏布江河谷(东经97°)，东至台湾省(东经122°)，跨越寒温带、温带和亚热带；垂直分布从海拔不足30米的山东省郯城县，江苏省新沂市与沭阳县，至海拔高达2800米的云南省维西傈僳族自治县，遍布25个省、直辖市、自治区(图2-1)，主要集中于21个省

图2-1　板栗在我国的分布区域

(区)。重点产区有燕山、沂蒙山、秦岭和大别山等山区及云贵高原,其中山东、湖北、河南和河北四省的产量占全国产量的60%左右。年产量超过1万吨的省(区)有山东,湖北,河北,河南,辽宁,广西和湖南。年产量在8 000~10 000吨的省份有浙江、云南和陕西。年产量较多的重点县、市有山东省的莒南、五莲、泰安、蒙阴、莒县、郯城、费县、沂南和临沂,河北省的迁西、遵化、兴隆和迁安,河南省的新县和信阳;湖北省的罗田和麻城;江苏省的吴县、宜兴;浙江省的上虞和安徽省的广德。具体区域布局见表1。

表1 我国板栗区域布局

区域	分布
北京	怀柔、昌平、平谷
天津	蓟县
河北	迁西、遵化、迁安、兴隆、宽城、滦平、青龙、滦县、承德
山东	历城、平阴、长清、岱岳、泰山、肥城、新泰、莱城、沂源、博山、蒙阴、沂水、平邑、枣庄市中区、五莲、岚山、乳山、费县、莒南、沂南
湖北	罗田、红安、英山、麻城、大悟、曾都、广水、神农架、钟祥、京山、建始、郧县、竹山、房县、竹溪
安徽	潜山、金寨、舒城、霍山、岳西、歙县、黄山、休宁、广德、宁德、泾县
江苏	宜兴、溧阳、新沂、东海
陕西	镇安、山阳、商州、商南、柞水、西乡、佛坪、洋县、宁强
云南	峨山、红塔、易门

注:引自农业部《特色农产品区域布局表》(特色果品——板栗)

2. 我国板栗的栽培区划 我国地域辽阔,地形复杂,从北到南横跨寒温带、温带、亚热带、南亚热带和热带几个气候带,山、沟、滩、塬、川均有分布,地形的复杂性伴随气候的多样性,为板栗发展提供了天然的、各种类型的栽培区。根据板栗对气候生态的适应性及品种性状等不同,可把我国板栗栽培区归纳划分为六个生态栽培区。

(1)东北栽培区　主要包括辽宁省及吉林省南部。该区属温带湿润、半湿润气候,冬季气候严寒。集中产地为丹东的东沟、宽甸和凤城。本区主要以栽培日本栗系统的丹东栗为主,也有少量板栗栽培。日本栗约占90%,多用于加工。主要品种有黑油皮栗、孤山油栗、红油栗、明栗、毛栗、早熟油栗、辽栗10号、辽栗15号、辽栗23号、金华和银寄等。

(2)华北栽培区　主要包括河北、北京、天津及山东的鲁中南与胶东地区、河南东北部,江苏北部,为我国板栗集中产区。该区属暖温带气候,年平均气温11.4℃～14℃,年降水量500～900毫米,春季干旱,夏季雨水充沛。土壤类型以淋溶褐土和棕壤土为主。该产区坚果以小型为主,色泽美观,含水量少,含糖量高,果肉质地细糯香甜,耐贮藏,适宜炒食。主要品种有河北的燕奎、燕山短枝、大板红和早丰等;北京市的燕山红、燕丰、燕昌、怀九和怀黄等;山东的石丰、金丰、海丰、泰栗1号、蒙山魁栗、沂蒙短枝和丽抗等;江苏的陈果油栗和炮车2号等;河南的信阳大板栗和确山紫油栗等。该区历史上多采用实生繁殖,随着板栗嫁接技术的推广,良种化程度逐渐提高。

(3)长江中下游栽培区　主要包括湖北、安徽、江苏和浙江等长江中下游一带。该区属中、北亚热带温润气候,年平均气温15℃～17℃,年降水量1 000～1 300毫米,水量充沛,开花期多雨,伏旱较重。板栗生长土壤类型为黄壤、黄棕壤和红壤。该产区坚果个大,平均单粒重16克以上,外果皮色泽浅,果肉质地偏粳性,淀粉含量高、含糖量低,含水量高于华北品种群,适宜菜用。本区板栗栽培历史悠久,品种繁多,历来有嫁接繁殖的传统,产量占全国总产量的1/3。品种主要有江苏的九家种、处暑红和青毛软刺;安徽的黏底板、大红袍和叶里藏;湖北的中迟栗、红毛早和浅刺大板栗;浙江的魁栗、马齿青、毛板红和上光栗等。除板栗外,该区还分布有野板栗、茅栗和锥栗。

(4)西北栽培区　主要包括陕西南部、甘肃南部、四川北部、湖北西北部和河南西部一带。该区属北亚热带湿润气候或南温带半干旱气候，年平均气温10℃～14℃，年降水量500～800毫米。该产区栽培面积小，为零星分布，栽培方式由实生向嫁接过渡。所产坚果以小型为主，单粒重8克左右，小的在5克以下，少数品种能达到15克，外果皮浅褐色，光泽暗淡，肉质偏糯性，香甜，适宜炒食。主要品种有明拣、灰拣、镇安大板栗和柞水14号、柞水11号等。

(5)西南栽培区　主要包括四川省东南部、湖南省西南部、广西西北部及云南、贵州等地。受海拔高度影响，气候差异较大，以亚热带温润气候为主，冬暖夏凉，多秋雨。该区实生板栗较多，品种性状受地域影响，差异较大。坚果小型，平均单粒重7克，也有15克以上者。大多数地区果实含糖量低，淀粉含量高，偏糯性，果面茸毛多，色泽差。主要品种有云腰、云早和平顶大红栗、红皮大油栗、早熟油毛栗等。

(6)东南栽培区　主要包括广东、海南及福建南部、江西南部、广西东南部与湖南中部等地。该区属中亚热带气候，年平均气温17℃～22℃，年降水量1 400～1 700毫米，以4～6月份降雨最多，冬暖夏热，雨量充沛。栽培管理粗放，品种类型复杂，实生变异幅度大；坚果中大型，单粒重7～17克，外果皮茸毛少而短，富光泽；平均含糖10.7%，含水量高；果肉偏粳性，味淡，适宜菜用。品种有湖南省邵阳的它栗与接板栗；江西省的金坪矮垂栗与薄皮大油栗；广东省的韶关18号与农大1号；广西的中果红皮栗等。另外，该产区还分布有锥栗，集中在福建建阳和建瓯一带。主要品种有白露子、麦塞子、黄榛、油榛、长芒仔和薄壳子等。

(二)板栗的形态特征

板栗(*Castanea mollissima* Bl.)为落叶乔木，树高可达13～

26 米，树冠半圆形，树皮深褐色，呈不规则纵裂。枝梢疏生，新梢上具短毛；皮孔明显，白色，稀疏；叶卵圆披针形至椭圆披针形，先端短尖、基部宽楔形或圆形，叶缘锯齿粗大，近基部更大。叶肉厚，脉粗，叶背有星状毛，实生幼树落叶不整齐，有些叶片干枯后仍不脱落。叶序多为 1/2，兼有 1/2 和 2/5 者。雄花序呈穗状，长 16 厘米左右；雌花着生在雄花序的基部，上具针刺；通常每个总苞聚生 3 朵雌花，称为雌花簇。雌花簇着生在枝条先端雄花序的基部，日后长为球果，即刺苞，又叫栗棚。球果圆形或扁圆形，密生针刺，总苞内含坚果 1～3 粒；坚果大，扁圆形，种皮易剥离；肉质细密，味甜，黏质或粉质，品质佳。9～10 月份成熟。

1. 根系的分布及生长特性

(1)根系的分布　板栗为深根性树种，土层深厚时，其垂直根和水平根都很发达。垂直根的分布受土层厚度和土壤质地的影响较大。疏松肥沃的土质，根系可深达 2 米以下的土层，但主要还是分布在 20～60 厘米以内的土层中，其中大部分集中在 25～40 厘米的土层厚度内。板栗根系水平分布范围较广，可达 15 米以上，距地面越近，水平根扩展越远，成年栗树根系通常为其冠幅的 1.5 倍以上，但 85%以上集中在距主干 50～250 厘米范围内，以树冠边缘密度最大。板栗根系穿透硬土层的能力较差，土壤情况对根的分布影响很大，土层浅，土质黏重，根系发育差，分布浅；土层深厚，土质疏松肥沃，根系发达，垂直分布也较深。因此，生产上应重视土壤管理，增施有机肥，以增加活土层厚度。

(2)根系再生能力　板栗根部破伤后，皮层和木质部易分离，愈合和再生能力均较差。伤根后需较长时间方能发出新根，且树龄越大，伤根越粗，愈合越慢，发根越晚。据观察，早春移栽树的 3～5 毫米粗的细根受伤后，直到初夏才能发出新根，而 5～15 毫米粗的根大多数未发出新根或生长甚微。因此，移栽板栗苗木或施肥时，应尽量少伤粗根。另一方面，根系适当切断后，发生须根的数量会增加，而且趋肥能力强，须根很快向有有机肥的地方伸长。故适当断根，增施肥水，可促进板栗根系的更新和扩展根系范围。

(3)菌根　板栗根系可与27种真菌共生形成外生菌根，其中以伞菌目(Agaricales)的牛肝菌科(Boletaceae)、红菇科(Russulaceae)、口蘑科(Tricholomotaceae)、毒伞科(Amanitaceae)，马勃目的马勃科(Lycoperdaceae)及须腹菌占绝对优势。菌根能使板栗根系表皮细胞显著增大，增强根系吸收能力，扩大吸收面积；菌根的分泌物还可溶解土壤中的难溶养分，吸收一般根系无法吸收到的难溶物质，增强板栗的抗旱和耐瘠薄能力。具有菌根的板栗幼苗，根系发达，能形成良好的共生菌根结构，须根多，根系发达，苗木生长旺盛，干旱时萎蔫出现晚。这对山地板栗幼苗的定植是大有益处的，尤其是对春季栽植和移栽具有极大的生产意义。板栗的菌根形成期与板栗根活动期相适应，通常在板栗根发生新根后开始形成，板栗根停止生长前结束，7～8月份菌根的发生达到高峰。

(4)根系的生长　通常地温达8.5℃时，板栗的根系开始活动，23℃～26℃时生长最旺，当地温降到15℃时根系停止活动。板栗根系活动的时间又受不同地区及年份的气候影响。如在湖南省，板栗根系3月上旬开始活动，一年有3个生长高峰期，第一生长高峰期在一次枝结束生长、二次枝迅速生长前，成年板栗树根系第一个生长高峰一般在6月下旬至7月中旬；根系第二个生长高峰期在二次枝结束生长后的8月上中旬；根系第三个生长高峰期在果实采收后的10月份。而在河北昌黎，板栗根系4月上旬开始活动，7月下旬以后吸收根大量发生，8月下旬达到高峰期，以后逐渐下降，到12月下旬根系进入休眠时期。

2. 芽的类型及特征　板栗的芽因着生部位和形态功能的不同而具有明显的差异。按其性质来分，板栗芽可分为混合花芽、叶芽和休眠芽三种(图 2-2)。板栗枝条有自枯性,无真正的顶芽,其顶芽实际上是顶端第一个腋芽。从芽体大小和形态区分,混合芽芽体最大,叶芽次之,休眠芽最小。板栗芽为扁圆、圆短三角形,除休眠芽外,一般外覆一对鳞片,分两层对称排列,基部厚而木质化,彼此抱合,芽内雏梢各节均被以托叶,呈鳞片状,密生柔毛,越冬期明显。

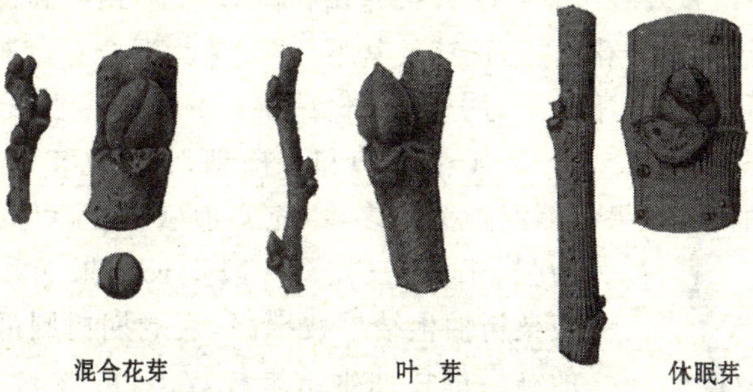

图 2-2　板栗芽的主要类型

(1)花芽　板栗的花芽分完全混合花芽和不完全混合花芽。完全混合花芽又称两性花混合芽,着生于枝条顶端及其以下 2～3 节,芽体肥大、饱满,芽形钝圆,茸毛较少,外层鳞片较大,可包住整个芽体。萌芽后抽生的结果枝,既有雄花序也有雌花序。不完全混合花芽着生于完全混合花芽的下部或较弱枝顶端及其下部,芽体较完全混合花芽略小,萌发后仅抽生雄花枝。

(2)叶芽　幼旺树的叶芽着生于旺盛枝条的顶部及其中下部,结果期树则多着生于各类枝条的中下部。芽体较不完全混合花芽小,近钝三角形,茸毛较多,萌发后形成各类发育枝。板栗芽具有早熟性,健壮枝上的叶芽可当年分化,当年萌发,形成二次枝甚至三、四次枝。

(3)休眠芽　又称隐芽,着生在枝条基部短缩的节间处,芽体极小，一般不萌发，呈休眠状态。板栗树的休眠芽寿命很长，可生存几十年之久。当受到刺激后，如枝条折伤或修剪，休眠芽即可萌生新枝，常用于老树的更新复壮。

3. 枝条类型及生长结果习性 枝条类型由芽的异质性决定，并与品种、树龄、树势及栽培管理有关。板栗的枝条大体可分为结果母枝、结果枝和发育枝三种。

(1)结果母枝 常位于枝条先端和树冠外围，由生长健壮的发育枝和结果枝转化而成，顶芽及其下 2～3 芽为混合芽。典型的结果枝(图 2-3)，自下而上可分为基部芽段(3、4 节)、盲节(雄花序脱落段，9～11 节)、结果段(1～3 节)和果前梢(1 至数节)。依据结果母枝的粗细，果前梢混合芽的多少、充实饱满程度，可人为划分为强、中、弱三类。一般生长结果期和结果期板栗树抽生结果枝率高，衰老期树则低。强壮的结果母枝抽生结果枝数多，可形成 3～5 个结果枝，果枝连续结果能力强。弱的结果母枝抽生果枝少，结实力低，稳产性差。因此，促使板栗形成强壮的结果母枝，是获得高产、稳产的基础。

图 2-3 板栗结果母枝

(2)结果枝 着生栗棚的枝条，又称混合花枝(图 2-4)。结果枝着生在结果母枝的先端，大部分品种的结果枝由结果母枝顶部的混合花芽抽生而来，但也有一些品种的基部芽和中下部芽，经短截或中短截后也能抽生结果枝，这种特性在密植栽培中尤为重要。在结果枝中有一种特殊的枝，仅着生单性雄花，称为雄花枝。雄花枝着生在 1 年生枝的中部和弱枝的上部，雄花序着生在雄花枝的中部，脱落后形成盲节，不再形成芽体。

板栗属典型的壮枝结果树种，结果枝越粗壮，分化的雌花数量越多，结果率就越高。一般结果期树的结果枝生长健壮，形成雌花多；生长结果期树生长占优势，形成雌花较少；衰老期树形成雌花最少。

(3)发育枝　由叶芽和休眠芽萌发而成，是形成树体骨架的基础。根据生长势可分为3类。

图2-4　板栗结果枝

①徒长枝：由休眠芽受刺激萌发而成，生长旺盛，节间长，组织不充实，多用于更新树势及内膛补缺，培育结果枝组(图2-5)。

图2-5　板栗徒长枝

②普通发育枝：多位于结果母枝的中下部，由叶芽萌发而成，生长健壮，用于扩大树冠和培育结果母枝。

③细弱枝：处于结果母枝基部和树冠内膛，因营养不良或光照不足所造成，又称鸡爪枝。

4. 花芽分化　板栗是同芽异花树种，但雌雄花分化期和分化持续日数相差很远，分化速度也不一样。

雄花序原基分化的盛期在6月下旬至8月中旬，以后逐渐减少，在果实采收前的一段时间处于停滞状态。但果实采收后至落叶前，甚至翌年3月份，仍可观察到雄花序的形态分化过程。

混合花序原基发生在春季，萌芽后即开始进入形态分化。4月上旬，结果母枝上的混合芽萌发时，芽内雏梢生长锥延迟伸长，并在其侧面相继分化出两性花序原基。到花芽展开时，在伸长并分化的两性花序基部出现雌花序原基。在几个两性花序原基的前部，雏梢生长锥继续分化，形成果前梢。

板栗的雌花簇具有芽外分化的特点，形态分化是随着春梢的抽生、伸长而进行的，分化期短而集中，仅需60天，单花分化大约需40天。通常中间小花最早开始分化，完成早，两侧的小花分化稍晚。

5. 开花、授粉和结实特性

(1)雄花　雄花序为柔荑花序，一般着生小花600～900朵，每朵小花有花被6枚，雄蕊9～12个，花丝细长，花药卵形，没有花瓣，每3～9朵小花组成一簇。栗属植物的雄花发育情况分为两类：一类缺乏雄蕊，不产生花粉，此类属雄性不育。我国板栗有雄花退化类型，如无花栗，其雄花序长至1厘米左右时遂退化脱落，属雄性不育。另一类有雄蕊，但花丝长短不一，花丝长度在5毫米以下者，花粉少或极少；花丝长度为5～7毫米者，花粉量大。花丝伸长，花序整体呈现黄色，花药开裂散出花粉，标志着雄花盛开。

(2)雌花　每一个雌花序一般有3朵雌花，聚生于一个总苞内。雌花有柱头8个，露出苞外，6～9个心皮构成复雌蕊，心室与心皮同数。雌花子房8室，每室有2个胚珠，共16个胚珠。一般只有1室中的1个胚珠发育成种子，也有1室内形成2个或3个种子的，称多籽果。子房着生在封闭总苞内，不与总苞内壁紧密愈合，属下位子房。在正常情况下，经授粉受精后，发育成3个坚果，有时发育成2个或1个，也有4个以上者。板栗果枝上可连续着生1～5朵雌花，茅栗形成雌花容易，数量多于板栗，有成串结果的习性。

(3)开花与授粉　栗树实生苗达到开花结果一般要5～8年，但也不乏2～3年就开花结果的植株。早实性强的一般较丰产，但二者之间无必然联系。河北省及山东省大部分产区板栗盛花期在6月上中旬，此时正值高温干旱；而南方产区，正处于梅雨季节，阴雨连绵。

板栗雄花花粉量大，花粉小而轻，可随风飘散，雌花的蜜腺退化，无艳丽花瓣；雄花基部着生褐色腺束，花盛开时能散发出特殊气体，可引诱各类昆虫，因此兼有风媒花和虫媒花的特点。但板栗花粉容易吸湿结块，飞散半径一般不超过 20 米，同时有 5%～15%的不完全花粉，最高可达 38%。因此，在栽植时应重视授粉树的配置，主栽品种与授粉树的距离以不超过 20 米为好。

板栗雄花和雌花开放时间不同，存在雌、雄异熟现象。一般雄花序开放后 8～10 天雌花才开放。雌花柱头膨大，自总苞露出即为开花。柱头出现后即有受精能力，授粉期在柱头出齐后 7～26 天，最适期为 9～13 天。同一花簇中，边花较中心花晚开 7～10 天，因此多次授粉能提高坐果率。

6. 果实生长发育特征　板栗坚果为种子，不具胚乳，可食部分为两片肥厚的子叶，内含大量淀粉。外果皮（栗壳）木质化，坚硬；内果皮（种皮或涩皮）由柔软的纤维组成，含大量单宁、味涩。板栗的涩皮大多易于剥离。坚果着生于总苞内，通常 1～3 粒，坚果与苞皮连接处称底座，负责向坚果运送养分和水分。总苞椭圆形，其上着生苞刺，几根棚刺组成刺束，几个刺束组成刺座。苞刺长度、硬度、粗细和疏密，依品种而定。有些品种苞刺不同程度退化，如“秃栗”、“花盖栗”、“无刺栗”等。板栗成熟的标准是总苞由绿色变为黄褐色并逐渐开裂，开裂方式有“一”字形开裂、“十”字形开裂，或 1/4 瓣先裂，也有个别品种成熟时不开裂或很少开裂。

板栗的授粉期在 6 月上旬至下旬，历时 20 天左右，受精期在 6 月下旬至 7 月初。花粉（雄配子体）要在胚珠中停留 15～20 天，待雌配子体发育成熟后才能完成受精，受精后形成合子和初生胚乳核。幼胚出现在 7 月上旬，有绿豆粒大，呈小漏斗状，薄而透明。7 月底以后，子叶开始明显增重，至 8 月中旬胚发育完全，胚乳吸收完毕，标志着幼果期结束。从 6 月中旬至 8 月中旬，总苞及果实生长十分缓慢。果实干物质的积累主要集中在最后1个月，尤其是采收前2周增重最快。

在栗果发育过程中，根据营养物质的积累和转化，可分为两个时期：前期主要是总苞的增长及其干物质的积累，此期约形成总苞内70%的干物质和全部蛋白质氮；后期是干物质形成重点转向果实，特别是种子部分，果实中的还原糖向非还原糖和淀粉合成方向转化，糖类积累相应增加，淀粉积累迅速。在果实成熟的同时，总苞和果皮内营养物质的一部分也转向果实。由此可见，前期总苞和果皮养分的积累，是后期坚果充实的基础，若前期总苞和果皮生长不良，将影响后期坚果的发育；若后期肥水不足，将直接影响坚果产量的提高。

7. 落果　板栗在生长发育过程中，有两次落果现象发生。第一次出现在受精后7～10天，主要由于受精不良和营养不良而造成；第二次出现在8月份，主要由营养不良、病虫危害，及机械损伤所致。因此，加强生长季土肥水管理及控制病虫危害对减少落果，提高坐果率非常重要。

(三)板栗的生长物候期

板栗物候期因品种、地区和年份而异。生产上，掌握栗树物候期的变化规律，是制订栽培管理措施的主要依据。

1. 根系　栗树根系生长活动同其他果树一样，较地上部开始生长早，停止生长晚。据河北省昌黎果树研究所观察，栗树根于4月上旬开始活动。吸收根7月下旬大量发生，8月下旬达到高峰，以后逐渐下降，至12月下旬停止生长。在生长期间有一次明显的生长高峰。江苏植物研究所观察幼苗根系有两次生长高峰，分别出现在6月上旬和9月份。根系在旺盛生长期间，发生新根多，吸收能力强，在栽培中应注意肥水供应。

2. 萌芽和新梢生长　早春3月，当气温达13℃～14℃时，树液开始流动，4月份栗芽开始萌发。但是品种、芽的种类和着生部位不同，萌芽早晚各异。一般顶生混合芽萌芽较早，侧生芽和内膛芽略晚。萌芽后7～10天展叶，4月份新梢开始生长，5～6份新梢生长最快，7月份以后生长缓慢，随即停止生长。在新梢加长生长的同时，伴随加粗生长，以6～7月份增粗最快。新梢开始生长和停止生长，因品种、树龄和地区气候特点而有变化，早熟品种往往开始生长和停止生长都早，老树也有这种特点。

3. 开花期　栗树发芽后一个月左右，即在5月份进入开花期。雄花先开，雌花后开，花期持续15～30天，雌花的柱头露出总苞即有受精能力，当柱头出齐并反卷30°～45°时，为最适宜的授粉期。

4. 果实发育期　落花后，果实即开始形成并逐渐发育膨大，总苞外面已着生苞刺，总苞内着生坚果。果实由形成发育到成熟，约需3～4个月。栗实中干物质的积累，主要集中在最后一个月，尤其是采收前两周增重最快。果实成熟后总苞裂开，露出坚果。

5. 落叶　落叶期随树龄、繁殖方式和地区而异。如河北省昌黎，板栗落叶在10月下旬，北京在10月中旬。一般实生幼树叶片常干枯于枝上，经冬春被风吹落。结果期树落叶明显而整齐，嫁接幼树较实生树落叶早而整齐。栗树从萌芽到落叶的整个营养生长期约持续5～7个月。

（四）板栗的生态环境条件

1. 温度　板栗分布区的年平均气温为7.8℃（辽宁省凤城）～22.3℃（云南省元谋），其间差异很大。一般说来，板栗对温度的适应性较强，不仅耐寒，而且耐热。从主产区的温度条件看，最适条件为年平均气温10℃～15℃，4～10月份气温在16℃～20℃，冬季气温低于－25℃易发生冻害。我国沿海栽培区，如辽南和胶东，板栗1年生枝易发生不同程度的越冬抽干。研究表明，造成这种抽干的原因与沿海地区特殊的带盐分的海风和沿海晚春寒有关。

此外，抽干还与品种及枝芽的充实饱满度有关，枝芽充实健壮、木质化程度高的耐抽干。

2. 降水 板栗对降水量要求不严，年降水量500～2 000毫米的地方均有栽培。一般认为，以年降水量500～800毫米为最适宜。北方降水主要集中在7～10月份，春季时有干旱发生。南方产区，尤其是北亚热带产区，夏、秋季多伏、秋旱，影响坚果后期发育，造成减产。生长期降雨过多，也会对板栗生长造成不良影响。新梢速长期遇多雨气候，会造成徒长；开花期遇连续降雨，易导致授粉受精不良，造成生理落果。有些年份春雨过多，还易诱发胴枯病发生。

3. 日照 栗树喜光，耐阴性弱，光照不足会严重影响生长发育。全国产区日照时数，最少1 200小时，最多为2 900小时，在此范围内生长发育正常。板栗开花期光照充足，空气干燥，则开花坐果良好。坡度较大的山地北坡或沟谷，由于光照不足，板栗生长叶薄枝细，产量低，甚至绝产。北方产区由于日照充足，坚果外果皮光泽度好，含糖量高，香味浓郁，品质上乘。南方部分产区，如贵州省独山、广西南丹等地区，由于光照不足，时有烟霉病等病害发生。

4. 土壤 板栗对土壤类型要求不严，从北方的棕壤和淋溶褐土，到南方的红壤和黄壤均能栽植，但以在土层深厚、通透性好、有机质含量高的沙质壤土中生长最好。板栗对土壤酸碱度(pH)最为敏感，适应范围pH值4.6～7.5，当pH超过7.5，含盐量超过0.2%时，妨碍板栗对土壤中锰的吸收，导致叶片黄化，发育不良。花岗岩、片麻岩风化的土壤呈微酸性，适合板栗生长；而石灰岩风化的土壤呈弱碱性，多不适合板栗生长。广西阳朔多石灰岩山区，但因多雨淋洗，使pH降低，所以板栗生长结果正常。

5. 风 微风有助于花期授粉，但暴风和强风易造成落叶落果，甚至枝干折断。因此，在建园时应避开风道，必要时需营建防风林。

二、板栗质量标准及认证

(一)板栗无公害食品标准及质量认证

1. 无公害食品　是指产地环境、生产过程和产品安全符合无公害食品标准和生产技术规程(规范)的要求,经专门机构认定,许可使用无公害食品标志的未经加工或者初加工的食用农产品。无公害食品在生产过程中允许限量、限品种、限时间地使用人工合成的化学农药、兽药、渔药、饲料添加剂和化学肥料等。

2. 无公害板栗标准内容

(1)无公害板栗对产地环境的要求　无公害板栗产地,应选择在生态环境良好,没有或不受污染源影响或污染物限量控制在允许范围内,生态环境良好的农业生产区域。目前,国家尚未制定无公害板栗产地环境要求,但地方标准对无公害板栗的产地环境做出了要求。2002 年浙江省发布实施《无公害板栗产地环境要求》(DB33/371.1—2002),对无公害板栗产地生态环境、灌溉水质量、土壤质量、空气质量做出了明确规定(表 2,表 3,表 4)。

表 2　无公害食品产地环境要求——灌溉水质量标准

项　目	指　标
氯化物　毫克/升	≤250
氰化物　毫克/升	≤0.5
氟化物　毫克/升	≤3.0
总　汞　毫克/升	≤0.001
总　砷　毫克/升	≤0.1
总　铅　毫克/升	≤0.1
总　镉　毫克/升	≤0.005
铬(六价)　毫克/升	≤0.1
石油类　毫克/升	≤10
pH 值	5.5～8.5

表3 无公害食品环境要求——土壤质量标准

项 目		指 标	
		pH<6.5	pH6.5～7.5
总 汞	(毫克/升)	0.3	≤0.5
总 砷	(毫克/升)	40	≤30
总 铅	(毫克/升)	250	≤300
总 镉	(毫克/升)	0.3	≤0.3
总 铬	(毫克/升)	150	≤200
六六六	(毫克/升)	0.5	≤0.5
滴滴涕	(毫克/升)	0.5	≤0.5

表4 无公害食品产地环境要求——空气质量标准

项 目	指 标	
	日平均	1小时平均
总悬浮颗粒物(TSP)(标准状态)(毫克/米^3)≤	0.3	
二氧化硫(SO_2)(标准状态) (毫克/米^3)≤	0.15	0.5
氮氧化物(NO_X)(标准状态)(毫克/米^3)≤	0.12	0.24
氟化物 微克/(厘米^2·天)≤	月平均10	
铅(标准状态) (微克/米^3)≤	季平均1.5	季平均1.5

(2)无公害板栗生产技术规程 生产技术规程是进行无公害农产品生产的主要环节，是评价无公害产品质量的主要内容，在进行无公害农产品生产过程中，应严格执行无公害生产技术规程。浙江省地方标准《无公害板栗 生产技术规程》(DB33/T371.2—2002)规定了无公害果园立地条件、苗木质量、定植、水肥管理、整形修剪、花果管理、病虫害防治和果实采收等生产技术。

(3)无公害板栗产品标准 《无公害食品 落叶果树坚果》

(NY5307—2005)对坚果果实的感官、安全指标、检验规则、标志标签、包装、运输和贮藏等作了规定。

①感官要求:同一品种,果粒大小均匀,果实成熟饱满,色泽基本一致,果面洁净,无杂质和霉烂,无异味,无明显病虫害、风干和裂嘴等缺陷果。

②安全指标:其铅、镉、汞、铜、杀虫剂等限量指标按 GB/T5009 规定执行。

③产品标签:应注明产品名称、产地、采集日期(或包装日期)、保质期、生产单位(或经销单位),经认可取得无公害板栗标志的产品,可在包装上加贴无公害产品标志。标签上的字迹应清晰、完整和准确。

④其他:产品应按同一品种、同一产地、同一规格进行包装。包装材料应干燥、洁净、无异味,能保护果品不受挤压,缝口结实耐用。板栗包装前应控制温湿度,防止风干和霉变。

运输工具应洁净、干燥、无污染。运输时应防潮、防雨、防挤压。板栗包装后要快运,不宜久置,防暴晒,以免失水损耗。不应与有毒、有害和有异味的物品混装混运。贮藏库的地面应铺设枕木,库内应通风良好,保持干燥,防潮、防霉、防虫蛀、防鼠害。不应与有毒、有异味、发霉以及其他易传播病虫的物品混合存放。

3. 无公害食品质量认证　农业部农产品质量安全中心(以下简称中心)承担无公害农产品认证工作。农业部和国家认证认可监督管理委员会,依据相关的国家标准或行业标准,发布《实施无公害农产品认证的产品目录》(以下简称产品目录),凡生产产品目录内的产品,并获得无公害农产品产地认定证书的单位和个人,均可申请产品认证。认证程序如下。

第一,申请产品认证的单位和个人(以下简称申请人),应向省、自治区、直辖市和计划单列市人民政府农业行政主管部门或者直接向中心申请产品认证,并提交相关材料。申请材料不符合要求的或申请材料不规范的，中心应当以书面形式通知申请人。申请人自收到通知之日起，应在15个工作日内按要求完成补充材料并报中心。

第二，申请材料符合要求（不需要对申请认证产品产地进行现场检查的），或者申请材料和产地现场检查符合要求的，中心应当以书面形式，通知申请人委托有资质的检测机构，对其申请认证产品进行抽样检验。

第三，检测机构出具产品检验报告，分送中心和申请人。产品检验不合格的，中心以书面形式通知申请人。

第四，中心对材料审查、现场检查（需要的）和产品检验符合要求的，进行全面评审，在15个工作日内做出认证结论。符合颁证条件的，由中心主任签发《无公害农产品认证证书》；不符合颁证条件的，中心应以书面形式通知申请人。

（二）板栗绿色食品标准及质量认证

1. 绿色食品 是指遵循可持续发展原则，按照特定生产方式生产，经专门机构认定，许可使用绿色食品标志，无污染，安全的优质、营养类食品。绿色食品又可分为A级绿色食品和AA级绿色食品。

（1）A级绿色食品 指在生态环境质量符合规定标准的产地，生产过程中允许限量使用限定的化学合成物质，按特定的操作规程进行生产和加工，产品质量及包装经检测、检验符合特定标准，并经专门机构认定，许可使用A级绿色食品标志的产品。

（2）AA级绿色食品 指在环境质量符合规定标准的产地，生产过程中不使用任何有害化学合成物质，按特定的操作规程进行生产和加工，产品质量及包装经检测、检验符合特定标准，并经专门机构认定，许可使用AA级绿色食品标志的产品。

2. 绿色食品标准的内容

（1）绿色食品产地环境质量标准 绿色食品生产应符合《绿色

食品　产地环境质量标准》(NY/T391)。绿色食品标准规定:产品或产品原料产地,必须符合绿色食品产地环境质量标准。绿色食品产地的生态环境主要包括大气、水、土壤等因子。绿色食品产地应选择空气清新、水质纯净、土壤未受污染,具有良好农业生态环境的地区,应尽量避开繁华都市、工业区和交通要道。

①空气质量要求:要求产地周围不得有大气污染源,特别是上风口应没有污染源;不得有有害气体排放,生产生活用的燃煤锅炉需要设除尘、除硫装置。大气质量稳定,符合绿色食品大气环境质量标准。大气质量评价采用国家大气环境质量标准 GB3095－1996 所列的一级标准。主要评价因子包括总悬浮微粒(TSP)、二氧化硫(SO_2)、氮氧化物(NO_X)与氟化物。

②水环境要求:要求生产用水质量要有保证;产地应选择在地表水、地下水水质清洁无污染的地区;水域、水域上游没有对该产地构成威胁的污染源;生产用水质量符合绿色食品水质环境质量标准。其中农田灌溉用水评价采用国家农田灌溉水质标准 GB5084－1992;主要评价因子包括常规化学性质(pH、溶解氧)、重金属及类重金属(Hg、Cd、Pb、As、Cr、F)、有机污染物(BOD、有机氯等)和细菌学指标(大肠杆菌、细菌)。

③土壤要求:要求产地土壤元素处于背景值正常区域,周围没有金属或非金属矿山,并且没有农药残留污染,同时要求有较高的土壤肥力。评价采用《土壤环境质量标准》(GB15618－1995)。土壤质量符合绿色食品土壤质量标准。土壤评价采用该土壤类型背景值的算术平均值加 2 倍的标准差。主要评价因子包括重金属及类重金属(Hg、Cd、Pb、Cr、As)和有机污染物(六六六、DDT)。

(2)绿色食品生产技术标准　绿色食品生产技术标准是绿色食品标准体系的核心,是生产过程质量控制的关键环节,包括绿色食品生产资料使用准则和绿色食品生产技术操作规程两大部分。

①生产资料使用准则:这是对绿色食品生产过程中物质投入

的一个原则性规定，包括农药、肥料、兽药、渔业用药、食品添加剂、饲料和饲料添加剂使用准则。在这些准则中，对允许、限制和禁止使用的物质及其使用方法、剂量、次数、间隔期（休药期）等，都有明确的规定。

在农药使用上，必须遵循优先采用农业或生物措施，在特殊情况下才使用化学措施防治病虫害的原则。使用农药时，应遵守准则所规定的有关要求。特别强调禁用的农药类型有：高毒、剧毒的，高残留的，各种慢性毒性作用的，对环境、天敌生物有害的农药等。

肥料使用则是以保护和促进农作物的生产及其品质的提高，不造成农作物产生与积累有害物质，不损害人体健康和生态环境为宗旨。明确规定的绿色食品生产允许使用的肥料有：农家肥料、商品有机肥料、微生物肥料、半有机肥料和叶面肥料等七大类（26种，如堆肥、沼气肥和绿肥等）商品肥料。对 AA 级和 A 级绿色食品生产，在肥料的使用上必须遵守不同的准则。在 AA 级绿色食品生产过程中，仅允许施用微量元素肥料及硫酸钾、煅烧磷酸盐，不允许使用其他化学合成肥料；在 A 级绿色食品生产过程中，允许限量使用部分肥料，但禁止使用硝态氮肥，对允许施用的有机肥，必须经过高温发酵才能施用。

②生产技术操作规程：生产技术操作规程是绿色食品生产资料使用准则在一个物种上的细化和落实。其中种植业的生产操作规程，是指在整地播种、施肥、浇水、喷药及收获等五个环节中必须遵守的规定。相关内容包括：植保方面，农药的使用在种类、剂量、时间和残留量方面都必须符合《绿色食品　农药使用准则》（NY/T393-2000）；栽培方面，肥料的使用必须符合《绿色食品　肥料使用准则》（NY/T394－2000）；品种选育方面，要尽可能适应当地土壤和气候条件，并对病虫草害有较强抵抗力的高品质优良品种；耕作制度方面，应尽可能采用生态学原理，保持物种的多样性，减少化学物质的投入。

(3)绿色食品产品标准　绿色食品产品标准制订的依据是在国家标准的基础上,参照国外先进标准或国际标准。在检测项目和指标上,严于国家标准;对严于国家执行标准的项目及其指标都有文献性的科学依据或理论指导,有些还进行了科学试验。板栗的绿色食品产品标准应符合《绿色食品　坚果》(NY/T1042－2006)标准规定。

(4)绿色食品包装标签标准

①绿色食品包装标准:食品包装的基本要求,一是保质期长,二是安全卫生,三是少损失原有营养和风味,四是包装成本低廉;五是贮藏运输方便,安全,六是使用便利。绿色食品包装标准正在制定中。绿色食品包装除应符合食品包装的基本要求外,还应具有自身特点,如包装材料符合环保要求,易分解或能够回收利用等。包装材料应符合 NY/T658 和国家食品包装卫生要求。包装容器封口严密,不得破损和发生泄漏。

②标签标准:绿色食品的标签标准,除应符合国家《食品标签通用标准》(GB－7718－94)外,还要符合《中国绿色食品商标标志设计使用规范手册》规定。标签上必须注明食品名称、配料表、净含量及固形物含量、制造商与经销商的名称和地址、日期标志(生产日期、保质期或保存期)、贮藏指南、质量(品质)等级、产品标准号与特殊标注内容。许可使用绿色食品标志的产品,必须加贴绿色食品标志防伪标签。A 级标志为绿底白字,标志编号以双数结尾;AA 级标志为白底绿字,标志编号以单数结尾。

(5)贮藏、运输标准　绿色食品贮藏必须注意:贮藏环境洁净卫生,不能对绿色食品引入污染;选择的贮藏方法不能使绿色食品品质发生变质、引入污染。在贮藏中,绿色食品不能与非绿色食品混堆贮存;A 级绿色食品与 AA 级绿色食品必须分开贮藏。

包装贮运图示标志应符合 GB191 规定。运输工具应清洁、卫生、无污染,严禁与有毒、有害、有腐蚀性、有异味的其他物质混存,远途运输应使用冷藏车。装包前应控制温、湿度,防止风干和霉变。装包后要快运,不要久置,以免失水风干;在堆放和运输过程中,要严防暴晒雨淋。

(6)其他相关标准　包括绿色食品生产资料认定标准、绿色食品生产基地认定标准等,这些标准都是促进绿色食品质量控制管理的辅助标准。

3. 绿色食品质量认证　绿色食品标准是进行绿色食品质量认证的依据。质量认证是由可以充分信任的第三方证实某一经鉴定的产品、或服务符合特定标准、或技术规范的活动。中国绿色食品发展中心是独立于绿色食品生产企业和采购企业之外的第三方公正单位,是绿色食品标志商标的所有者,负责对绿色食品标志商标的管理。绿色食品检查和认证过程如下:①向认证组织索取申请表格。其他材料,如检查认证标准等,也可以根据客户的要求提供。②申请者填写申请表格并寄回检查认证组织。③认证组织制订检查计划和进行费用预算。客户同意后,认证组织与客户将签订《检查合同》。④客户向认证组织先支付检查认证费用的一半。⑤收到费用后,认证组织委派合适的检查员对客户进行实地检查。⑥检查将在实地进行。检查完成后,检查员填写检查报告并寄给认证组织。⑦认证组织召集颁证会议,形成认证决定。⑧客户向认证组织缴纳检查和认证费用的余额。⑨认证组织给客户颁发认证决定及证书。

思考题

1. 我国几个主要板栗栽培区的气候特点是什么?

2. 板栗芽和枝的类型有哪些特点?

3. 什么是无公害食品?生产无公害板栗对产地环境的要求是什么?

4. 什么是绿色食品?绿色食品标准的内容有哪些?

第三章 优良品种与砧木的选择

一、专业知识

(一)优良品种的标准

1. 优良品种的基本特性 优良品种的标准是相对的,目前公认的板栗良种应具备以下几个特性。

(1)丰产性 单位树冠投影面积产量在0.5千克/平方米以上,早实性强,大小年现象不明显;发枝力强,雄花比例小,雌花形成容易,苞皮较薄;出实率高,应在40%以上;空棚率低,在8%以下。

(2)品质优良性 北方产区和南方产区生态特点各异,食用方法也不同,评判标准也有所区别。北方栗产区(辽宁省丹东栗除外)和西南部分炒食栗产区,坚果单粒重在8～12克,油亮美观,整齐度高,肉质细糯香甜,含糖量在16%以上(占干重)。南方产区以菜用栗为主,坚果单粒重在14克以上,整齐度高,色泽美观,淀粉含量高,果肉粳性。

(3)耐贮性 充分成熟的板栗,在一般贮藏条件下,4个月后好果率在95%以上。

(4)抗逆性 抗逆性指对生长发育不利环境条件的抵抗能力,如旱、涝、冷、热、病虫害和大气污染等。不同产区的板栗对抗逆性的要求有所不同。如北方产区易遭春旱,则要求抗旱性强,而东北适栽区则要选择抗寒品种。另外,近几年部分产区栗瘿蜂发生严重,建园时应考虑选择抗栗瘿蜂危害的品种。

(5)其他优良性状　短枝型，耐短截，树体矮化，成熟期早，总苞皮薄，无雄花序或雄花序少，观赏性状优良，如红色和垂枝等。

2. 地区优良品种的优点及局限性　受遗传特性的影响，板栗良种具有明显的区域局限性，部分品种表现突出，体现在适应性及产量、品质的变化。据报道，在同一产区内或生态条件相似产区间引种，品种性状一般表现正常，甚至超过原产地。在不同产区间，尤其在生态条件差异较大的产区间引种，有些品种表现出较强的区域性特点，生长发育受到抑制，抗性降低。如燕山红栗在燕山产区表现十分优良，引至山东省鲁中山区后发现色泽变浅，含糖量下降；引至江苏省新沂市的部分产区后，则出现徒长、空棚等现象。品种的适应性强，有利于引种的顺利进行。如山东省的石丰引至陕西、浙江和广西等省（区）产区后，生长发育仍然正常；江苏省的处暑红引至山东省费县和辽宁省凤城等地后，生长发育正常，果实的部分指标甚至优于原产地。

(二)优良品种介绍

1. 石丰　原名中石现1号，1971年由山东省海阳县选出，母树位于该县中石现村。成年树树势中等，树冠较小，嫁接后5～8年冠幅3～4米，适于密植。结果母枝长25厘米左右，棕色，阳面微红，叶下垂。结果母枝抽生结果枝占67%，发育枝占6%，雄花枝占14%，纤细枝占13%。平均每个结果母枝抽生1.9个果枝。结果枝平均着生总苞1.9个，出实率40%左右。总苞扁椭圆形，重59克左右；针刺稀而较硬；平均每苞含坚果2.4个。坚果椭圆，中小型，果肉质地细糯香甜，平均单粒重9.5克；果皮红褐色，接线波状，底座中等。坚果含水量为54.3%，干物质含糖15.8%、淀粉63.3%、脂肪8.3%、蛋白质10.1%。成熟期9月下旬至10月上旬，坚果较耐贮藏，适于炒食。

该品种早实、丰产、稳产，嫁接树2～3年进入正常结果，10余年生树，连续5年每667平方米平均产量为230千克。该品种树势稳定，冠内结果能力强，适于短截修剪，容易控制结果部位外移。树体比较矮小，可作密植栽培。

2. 海丰 1975年由山东省海阳县选出，初选时名为"红光26"，1981年正式鉴定命名。成年树树势中等，母枝粗壮，栽培性状明显，较矮化。树冠圆头形，结果母枝长23厘米，节间长1.2厘米，皮孔小而密。混合芽圆锥形，稍歪，黄绿色；叶片船形，叶缘略上卷。单位结果母枝平均抽生结果枝2.3个，每个果枝平均着生总苞1.6个，出实率46%。总苞椭圆形，刺束较稀，中长而硬，苞皮较薄；平均每苞含坚果2.5个左右。坚果椭圆形，中小型，果肉甜糯，果皮红棕色，单粒重7.8克；鲜果含水量为42%，干物质中含糖18%、淀粉57.5%、脂肪4.7%、蛋白质8.7%，适于炒食。

果实成熟期在10月上旬。早果丰产，嫁接后2年生树结果株率达67%，3年后全部结果。盛果期树每平方米树冠投影面积产量为0.5千克，坚果大小整齐，较耐贮藏。

3. 金丰 原名徐家1号，实生单株，母树位于山东省招远市徐家村。幼树生长旺盛，树姿直立；结果后树势中庸，渐趋开张。结果母枝抽生结果枝占48%，发育枝3%，弱枝49%；单位结果母枝平均抽生结果枝2.2条，每结果枝平均着苞2.4个，每苞含坚果2.7粒，出实率38%。总苞高椭圆形，重55克左右，刺束中密，较硬；坚果中小型，单粒重8克左右，果皮红褐色，富光泽，果顶茸毛较多，接线月牙形，底座中小。果肉质地细腻甜糯，鲜果含水量为50.5%，干物质中含糖16.8%、脂肪5.24%、蛋白质9.8%、淀粉61.2%，较耐贮藏，适于炒食。

该品种始果期早，嫁接后2年结果株率达90%以上，3年正常结果。在立地条件较好的情况下，表现丰产稳产。大量结果后，如肥水跟不上，树势易衰弱，出现大小年现象，且空棚率高，坚果不整齐。

4. 泰安薄壳(图 3-1) 原产于山东省泰安市麻塔区宋家庄村,1964 年选出。树冠高圆头形,幼树树势强健,成龄树树势中庸。结果母枝长 25 厘米,节间长 2 厘米左右,每个结果母枝平均抽生果枝 2.2 条,结果枝平均着生总苞 1.9 个,出实率 56%以上。

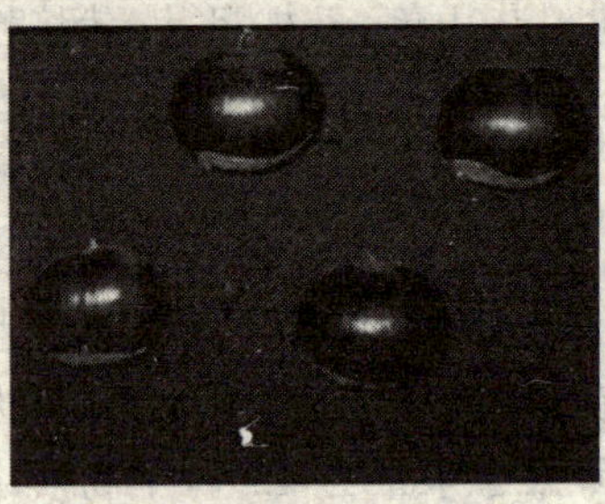

图 3-1 泰安薄壳坚果

总苞中等,扁椭圆形,刺束极稀,苞皮甚薄。平均每苞含坚果 2.8 个,平均单粒重 10 克左右,果皮枣红色或棕红色,光泽特亮。坚果大小整齐一致,充实饱满,果皮薄。果肉质地细腻甜糯,品质上等;鲜果含水量为 44.5%,含糖 15.4%、淀粉 66.4%、脂肪 3%、蛋白质 10.5%。果实 9 月下旬成熟,极耐贮藏。

该品种进入结果期晚,嫁接苗 3 年开始进入结果期。大量结果后,树势缓和,连续结果能力强,丰产稳产。中幼砧嫁接后 7~8 年生树,冠径 7~8 米,平均株产坚果 38 千克。该品种适应性强。抗干旱,耐瘠薄,抗病虫能力强,生产中应控制树势,方可保持丰产稳产。

5. 红光栗 原名二麻子栗。原产于山东省莱西县店埠乡东庄头村。20 世纪 60 年代初,先由莱阳农学院李中涛等报道,后由山东省果树研究所组织鉴定和推广,是山东省最早进行嫁接繁殖的农家板栗品种。

幼树生长势强,树姿直立,成龄树树势中等,盛果期树冠开张。树冠圆头形至半圆头形。母枝灰绿色,皮孔大而明显,生长较直立。叶下垂,叶背茸毛厚。结果母枝抽生结果枝平均占 71%,发育枝占 7%,弱枝占 22%。平均每结果枝着生总苞 1.5 个,每苞含坚果 2.8 粒,出实率为 45%。总苞椭圆形,重 60 克左右。针刺较稀，粗而硬。坚果扁圆形，中大，平均单粒重9.5克，整齐美观，果皮红褐色，油亮，故称红光栗；果肉质地糯性，细腻香甜，适于炒食。鲜果含水量为50.8%。其干物质含糖14.4%、淀粉64.2%、脂肪3.06%、蛋白质9.2%。果实成熟期在9月下旬至10月上旬，耐贮藏，适于炒食。幼树始果期晚，嫁接后3～4年开始结果，连续结果能力强。通过密植丰产试验，每667平方米栽74株，6年后可年产318千克。抗病虫能力强，桃蛀螟等果实害虫危害较轻。

6. 华丰　山东省果树研究所于1993年从人工杂交后代中选育出的品种。该品种树势强健，树冠圆头形，树姿较开张。7年生树高4.6米，冠径3～4米。每条结果母枝抽生结果枝近3条，每条果枝着生总苞2.6个。基部芽大而饱满，结果能力强，适于短截控冠修剪和密植栽培。总苞椭圆形，重41克左右，苞皮薄，刺束稀而硬，分支角度大，出实率56%，空苞率1%左右，每苞含坚果2.9粒。坚果椭圆形，果皮红棕色，腹面较平，常有1～2条线状波纹，平均单粒重7.9克，坚果大小整齐，适于炒食。果肉细糯香甜，品质上等，鲜果含水量为46.92%。含总糖19.7%、淀粉49.29%、蛋白质8.5%、脂肪含量3.33%。果实于9月中旬成熟，耐贮藏。

该品种雌花容易形成，结果早，丰产稳产性强，品质优良。中幼砧嫁接后2年平均每667平方米产坚果145千克。抗逆性强，适应性广，在丘陵山区与河滩平地均适于发展栽培。

7. 华光　山东省果树研究所人工杂交育成的品种之一。树势中强，树冠圆头形，枝条绿色至灰绿色，皮孔较小而突出，混合芽近圆形，大而饱满。结果母枝粗壮，每条结果母枝抽生结果枝2.9条，每条结果枝着生总苞2.7个。总苞椭圆形，苞皮薄，刺束稀少，蛀果害虫不易在其上产卵为害；每个总苞平均含坚果2.9个，出实率55%，空苞率1%左右。坚果椭圆形，果皮红棕色，腹面较平，常有1～2条线状波纹。平均单果重8克，坚果大小整齐，适于炒食。果肉细糯而香甜，品质上等。鲜果含水量为45.7%，干物质中含总糖量20.1%、淀粉48.9%、蛋白质8.6%,脂肪3.4%。果实于9月中旬成熟,耐贮藏。

该品种早实,丰产,稳产。基部芽结果能力强,适于短截控冠修剪和密植栽培。中幼砧嫁接后第二年每667平方米产120千克,第三年667平方米产292千克,2～4年平均株产12.3千克,667平方米产218千克。盛果期连续5年平均每667平方米产272千克。抗逆性强,适应性广,在山丘、河滩、平地均适于发展。

8. 沂蒙短枝(图3-2) 1994年选出,母树为自然杂交种,位于山东省莒南县崖头乡东相沟村。树体矮小,树冠紧凑,幼树生长健壮,不徒长。结果母枝粗壮,长12.2厘米,粗0.57厘米,果前梢细而短,仅为枝粗的一半左右。叶片大而厚,枝条前部叶片向上反卷呈船状。自花不结实,异花授粉坐果率高。每条结果母枝抽生结果枝2.5条,每果枝着生总苞2个,每个总苞含坚果2.3个,出实率为40.8%,空棚率在3%以下。基部芽抽生果枝率高,适于短截修剪。坚果椭圆形,大小整齐,平均单粒重8.5克,果皮红褐色,光亮;果肉黄白色,质地细糯,风味香甜,鲜果含水量53%,干物质中含糖5.6%、淀粉34.5%、蛋白质3.9%,品质优良,适宜炒食。果实9月下旬成熟。

图3-2 沂蒙短枝板栗

丰产稳产性强,建园3年投产,5年达盛果期,每667平方米产量在500千克以上。较耐瘠薄,抗风、抗病,对栗红蜘蛛有较强抗性。

9. 泰栗1号(图3-3) 山东省果树研究所通过芽变选种途径选育出的优良品种,2000年通过省级鉴定。树势健壮,树冠较开张,多呈开心形。结果枝粗壮,形成雌花容易,基部芽能抽枝结果,短截修剪效果好。果前梢芽大而饱满，连续结果能力强。每条结果枝平均抽枝 5.6 条，其中结果枝 1.6 条，发育枝 0.5 条，弱枝 3.5 条。每条结果枝平均着生总苞 1.8 个。总苞椭圆形，大型，单苞重 100～120 克，成熟时三裂或成“十”字形开裂，空苞率低；每苞平均含坚果 2.8 粒，出实率为 42%，优果率在 95%以上；坚果椭圆形，平均单粒重 18 克，大小整齐饱满；果肉黄色，质地细糯香甜，涩皮易剥离。鲜果肉含水量为 59.5%，干物质中含糖 22.5%、淀粉 65.6%、蛋白质 7.3%。果实在 9 月上旬成熟。坚果耐贮藏，适宜炒食或加工。

大树改接后 2 年开花结果，3～4 年可丰产。利用中幼砧高接，接后 2 年株产坚果 14.4 千克，每公顷产量可达 5 500 千克。抗逆性强，适应性广，在内陆丘陵山区、河滩、平原和沿海地区栽培，树体生长、结果良好。

图 3-3　泰栗 1 号板栗

10. 丽抗　又名东黄埝 1 号，母树位于山东省莒南县涤边镇东黄埝村，2002 年通过省级审定。目前，山东、河北和江苏等省已引种栽培。树姿直立，树冠较大，生长势旺盛。1 年生枝灰褐色，皮孔较大而稀，混合芽较大。结果母枝长 26.5 厘米，粗 0.5 厘米，果前梢平均长 4～7 厘米。每条结果母枝抽生结果枝 2～3 条，每条果枝着生总苞 2 个。每苞含坚果 2～3 粒，出实率为 43%。总苞中大，坚果近圆形，整齐饱满，平均单粒重 11.2 克；果皮深褐色，油亮美观。果肉黄色，细糯香甜，其中含总糖 5.8%、淀粉 33.1%、蛋白质 4.5%、脂肪 1.3%。耐贮藏。品质优良，适宜炒食。果实于 9 月下旬成熟。

早实性、丰产性表现稳定。嫁接后 2 年开始结果，5 年后每 667 平方米平均产量可达 433.6 千克。抗旱，耐瘠薄，抗抽干，较抗红蜘蛛。

11. 替码珍珠 由河北省昌黎果树研究所于1990年从迁西县牌楼沟村近10万株实生树中选出。母树为60年生实生大树。该品种的最大特点是,结果后有30%的母枝自然干枯死亡(栗农称为替码),由母枝基部的瘪芽抽生的枝条有12%当年形成果枝(栗农称为替码结果)。由于母枝连年自然更新结果,故命名"替码珍珠"。树势开张,枝条疏生。总苞平均含坚果2.6个。坚果单粒重7.2～8.8克,大小整齐,果面有光泽,茸毛少;果肉黄白色,肉质细腻,糯性强,香味浓,涩皮易剥离,含糖18.1%、淀粉53.4%、蛋白质7.8%、脂肪7.2%,品质优,适于炒食。果实成熟期在9月中旬。

嫁接后1～2年生长旺盛,3年可大量结果。盛果期部分果前梢1～3芽出现替码,4～5芽抽生枝条照常结果,结果后7～8年替码率达到87%。抗旱,耐瘠薄,高产稳产。以2年生幼树为砧木嫁接。在连续3年干旱的情况下,产量达到每公顷2 800千克。

12. 怀九 由北京市怀柔区板栗试验站选出。母树为实生大树,树龄40年左右,位于怀柔九渡河镇九渡河村。2001年通过北京市审定。树冠半圆形,树姿开张,主枝分支角度为50°～60°。结果母枝平均长65厘米,属长果枝类型。皮孔呈椭圆形,小而稀。每条结果母枝平均抽生结果枝2条,结果枝占44.6%。每条结果枝平均着生总苞2.3个;总苞椭圆形,中型,平均重64.7克,刺束中密,苞皮厚。每苞含坚果2.4个,出实率48.1%。坚果为圆形,小型,单粒重7.5～8.3克;果皮红褐色,有光泽,茸毛较少;果肉含可溶性糖5.5%、淀粉19.35%、脂肪5%、氨基酸5%,矿物质2%。

早实性强,丰产,稳产。幼树在建园3年后即可结果,盛果期密植园每公顷产量为3 000～3 750千克。萌芽力、成枝力强,耐短截,结果母枝短截后抽生结果枝的比率高。抗红蜘蛛能力较差。

13. 早丰 又名杨家峪3113。原产于河北省迁西县汉儿庄乡杨家峪村，为实生优株，1973 年选出。因果实成熟期早且丰产，故得名早丰，是河北省主栽板栗品种之一。树冠圆头形，成龄树树势中等。每个结果母枝平均抽生果枝 1.8 条，每条结果枝平均着生总苞 2.4 个。总苞小，重 47.2 个，椭圆形，刺束密度及硬度中等，平均每苞含坚果 2.7 粒。坚果扁椭圆形，平均单粒重 7.6 克，出实率为 40.1%。坚果整齐，果肉黄色，质地细腻，味香甜；干物质中含糖 19.7%、淀粉 44.3%；果实于 9 月上中旬成熟，耐贮藏。幼树生长势强，树冠紧凑。盛果期树形开张，始果期早，嫁接苗一般 2 年后见果，3 年进入大量结果期。

该品种早实丰产，抗病及抗干旱能力强。坚果品质优良，适宜炒食。

14. 燕山短枝　又名后韩庄 20、大叶青。原产于河北省迁西县东荒峪乡后韩庄村，1973 年选出。该品种枝条短粗，树冠低矮，冠型紧凑，叶片肥大，色泽浓绿。树冠圆头形，紧凑，树势强健，母树 30 年生高 6 米，冠幅为 5.5 米×5.5 米。嫁接幼树结果母枝长 21.5 厘米，粗 0.67 厘米，节间短，果前梢中等。混合芽大，圆形，芽尖褐色。叶椭圆形，肥大，叶色浓绿。结果母枝萌芽率为 61%，平均抽生果枝 1.85 条。每条结果枝着生总苞 2.9 个，每苞含坚果 2.8 粒。坚果扁圆形，平均重 9.2 克，皮色深褐，光亮。坚果整齐，每 500 克约 55～60 粒。栗果炒食后，风味与品质(香、甜、糯)均为上等。果实成熟期在 9 月上旬，耐贮藏。嫁接后 3 年进入结果期，通过密植栽培试验，幼砧嫁接 4 年后平均株产量可达 0.76 千克，5 年平均株产量可达 2.23 千克，每 667 平方米产量为 331 千克。

15. 燕山红栗　又名燕红、北庄 1 号。1975 年选自北京市昌平区黑山寨乡北庄村南沟。原产于燕山山脉，坚果鲜艳呈红棕色。1979 年被评为北京市发展品种之一，现已推广至河北、山东、陕西和江苏等省。树型中等偏小，树冠呈圆头形，树姿开张，分支角度小，枝条硬，较直立。结果母枝灰白色，长 21 厘米，粗 0.47 厘米，皮孔多而明显。混合芽较小,扁圆形。平均每条母枝抽生果枝2～3条,每条结果枝平均着生总苞2个,每苞含坚果2.4粒;总苞球形,平均重45克,针刺稀,分支角度大,出实率为45%。坚果果面茸毛少,果皮红棕色,富有光泽;平均坚果重8.9克,整齐美观;果肉甜,糯性,干物质含糖20.25%、粗蛋白质7.07%、脂肪2.46%,品质优良。9月下旬成熟,成熟期比较整齐。

早期丰产,嫁接后2年结果,4年生树平均株产量为6.5千克,每平方米树冠投影面积产坚果0.5千克。在土壤瘠薄条件下,易产生独果,同时对缺硼土壤敏感。由于果枝萌发力强,修剪时应当控制母枝留量。

16. 燕奎 原名杨家峪107。母树位于河北省迁西县汉儿庄乡杨家峪村,1973年由河北省昌黎果树研究所选出,1993年定名。目前,已在河北、北京、天津等省、市推广。树势强,树姿开展,树冠开心形。50年母树高9米,冠径7.5米,干周长100厘米。结果母枝萌芽率为65.4%。新梢中结果枝占60.1%,雄花枝占34.7%,纤弱枝占5.2%。每条结果母枝平均抽生果枝2.1条,每条果枝着生总苞1.9个。苞皮厚0.21厘米,每苞含坚果近3粒,"一"字形开裂,出实率为41.3%,空苞率低。坚果近圆形,平均重8.6克,整齐度高,果皮棕褐色、有光泽。果肉质地细腻、香甜,含糖21.12%,含蛋白质3.72%。成熟期在9月中旬,耐贮藏。

幼树早期丰产,在高产试验中,幼砧嫁接后4年,每667平方米产坚果380.79千克。该品种抗干旱,耐瘠薄性强。

17. 大板红 原名大板49号。母树位于河北省宽城县碾子峪乡大板村。1974年选出,1993年命名,为河北省推广良种之一。树势较强,树冠圆头形,开张。结果母枝长29.5厘米,直径0.64厘米,皮色灰绿,皮孔圆形,中密。平均每条结果母枝抽生结果枝2.3条,每条果枝着生总苞2.5个。总苞椭圆形,平均重46克,刺束密、硬,直立;总苞皮厚,平均每苞含坚果2.3个,出实率为

35%，成熟时3裂或成"十"字形开裂。坚果圆形，果顶微突，平均单粒重8.1克，果皮红褐色有光亮。坚果大小整齐。果肉黄色，肉质细、甜、糯、香味浓。含淀粉64.22%，糖20.44%，粗蛋白质9.1%，品质优良。该品种连续结果能力强，在立地条件较好的情况下，16年生嫁接树连续3年结果的枝条占80%，连续2年结果的枝条占15%。较丰产，每平方米树冠投影面积产量0.4千克，大小年幅度小，改接后3～4年每667平方米产坚果218千克。果实成熟期9月中旬，耐贮藏。

该品种丰产稳定，果实品质优良。抗病虫及干旱能力较差，自交结实率较低，栽培时应注意配植授粉品种。

18. 银丰　原名下庄2号。母株位于北京市昌平区下庄乡下庄村，1975年选出，1993年定为品种，河北和辽宁等省也已引种。树势中等，树冠半圆形，树姿开张，分支角度较大。结果母枝长19.6厘米，粗0.79厘米，果前梢一般较短，雌花量多，结果母枝连续结果能力强。每条母枝平均抽生果枝2.2条，每条果枝平均着生总苞2.1个。一般较细弱的枝条也能结果，结果量较大。总苞椭圆形，小型，平均重近40克，刺束稀、分枝角度大。苞皮薄，平均每个总苞含坚果2.6粒，出实率为47%，空棚率低。坚果大小整齐，果皮浅褐色，光泽度差，茸毛较多。果肉质糯性、香甜、含水量50.69%、糖21.17%，含蛋白质7.46%、脂肪2.33%，品质上等。果实成熟期9月中下旬，耐贮藏。早实丰产，嫁接后2年结果，3年丰产，平均每667平方米产坚果191千克。

该品种早期丰产，有内膛结果习性，但成熟前有少量栗苞提前开裂。抗病能力强，在栽培条件差时雌花量不见减少，但坚果变小，因此，冬季应加大修剪量。

19. 尖顶油栗　由南京植物研究所1963年选出，1981年鉴定为丰产优质新品种，1993年通过江苏省品种认定，为江苏省主栽品种之一。母株在山东省郯城县城关乡董庄村。树势中等，树冠开张,呈圆头形,6年生高接树高4.1米,冠径为4.9米。枝条细软,常下垂。结果母枝长29厘米,粗0.59厘米,皮孔圆形,中密。平均每条结果母枝抽生果枝3条,每条果枝着生总苞1.6个。总苞高椭圆形,中大,重59克,刺束较稀。苞皮薄,每苞平均含坚果2.9个,出实率为47%。坚果长三角形,果顶显著突出,平均单粒重10.8克,果皮紫黑色,富有光泽。坚果大小整齐,果肉细腻,糯性,味香甜,鲜果含水量为52.5%,干物质含总糖13.2%、淀粉66.1%、蛋白质7.8%,适宜炒食。果实成熟期为9月下旬,较耐贮藏。

早实性强,嫁接后2年结果。盛果期密植园每667平方米产坚果258千克,小面积栽培最高每667平方米产坚果528千克,一般果园在管理较好的条件下,每平方米树冠投影面积产量为0.5千克。该品种雌雄异熟,为雌先型。果实抗病虫能力强,极少受桃蛀螟和栗实象甲危害。丰产稳产性强,品质优良。

20. 燕昌 原名下庄4号。母株为60年实生树,生长在北京市昌平区下庄乡下庄村,1975年选出,1982年通过鉴定,在京郊昌平、怀柔和密云等区、县广泛推广。树型中等,树姿开张,枝条较软,分支角度大,树冠呈扁圆头形或自然开心形。结果母枝细长,长29厘米,直径0.55厘米,果前梢长2.57厘米,平均有混合芽3.3个。结果母枝的萌发率为85%,连续结果能力强,2～3年结果的母枝占总数的85%。每条结果母枝平均抽生2.1条果枝,每条结果枝平均着生总苞2.1个。总苞椭圆形,平均重67克,刺束中密,分枝角度小。每苞含坚果2.6个,出实率为40.5%。坚果重8.6克,果面茸毛较多,果皮红褐色,具光泽,油亮;贮藏3个月后,含糖21.63%、蛋白质7.8%、脂肪2.19%,果肉香甜,富糯性。

早实丰产,嫁接后2年即可大量结果,在修剪合适的情况下,内膛结果能力占总结果量的5.1%。每667平方米栽植34株,667平方米产量可达219千克,空棚率不超过3%。当地果实成熟期在9月中旬，耐贮藏。本品种结果母枝细长，树冠不紧凑，栽植密度不宜过大。栽培条件差时，每苞中坚果数减少，坚果小而色泽差。

21. 节节红 由安徽省东至县选出，2002年通过安徽省林木品种审定委员会审定。树冠紧凑，为高圆头形，树姿直立，树势生长旺盛。新梢长48.8厘米，粗0.75厘米，果前梢长20.8厘米。每条母枝平均抽生结果枝2.6条，每条果枝着生总苞2.9个，每苞含坚果3粒。总苞椭圆形至尖顶椭圆形，特大，重162.3克，出实率为43.5%。坚果椭圆形，大型，平均单粒重25克；果皮红褐色，茸毛少，外观美丽，涩皮易剥离；果肉淡黄色，细腻，味较香甜，含糖5.3%、淀粉26.9%、蛋白质3.9%。果实成熟期在8月下旬至9月上旬。

早实丰产性强，嫁接苗定植当年即能开花结果，2年结果株率即达100%，3年单株平均产量为1.7千克。4年后进入盛果期，单株产量为4.2千克，每公顷产量可达3 528千克。该品种适应性广，抗逆性强，抗病虫能力强。

22. 九家种 又名魁栗。原产于江苏省吴县洞庭西山，是江苏省板栗优良品种之一。由于优质、丰产、果实耐贮藏，因而当地有"十家中有九家种"的说法，深受农民欢迎。树形较小，树冠紧凑，呈圆头形或倒圆锥形，适于密植。枝条粗短，节间较短，成龄树树势中等，20年生树高4.7米，冠径5.5米。结果母枝芽的萌发率为88%，新稍中结果枝占50%，雄花枝占36.8%，纤弱枝占13.2%。平均每条结果母枝抽生结果枝2条。平均每条结果枝着生总苞2.2个，每苞平均含坚果2.6个。总苞呈扁椭圆形，平均重65.8克，刺束稀，分枝角度大，出实率在50%以上。坚果椭圆形，中等大，平均单果重12.3克，果皮褐色，光泽中等；果肉质地细腻，甜糯，较香。坚果含水率为40.3%，干物质含糖15.8%、淀粉45.7%、蛋白质7.6%。果实耐贮藏，适于炒食或菜用。

幼树直立，生长势强。嫁接苗3年开始进入正常结果期，连续结果能力较强。树形矮小，适宜密植，每667平方米栽植72株，12年生树每667平方米产坚果295千克。果实成熟期在9月中下旬。

23. 焦扎 原产于江苏省宜兴、溧阳及安徽广德等地。因总苞成熟后局部刺束变为褐色，成一焦块状，故称“焦扎”，1993年通过江苏省品种认定。树势旺盛，树冠较开展，呈圆头形。结果母枝平均长29厘米，直径0.6厘米；皮孔圆形，大而较密。成龄树树势旺盛，平均每条结果母枝抽生4.8条新稍，其中结果枝0.9条，雄花枝3.1条，纤弱枝0.8个。每条结果枝着生总苞2.1个，出实率47%左右。总苞较大，重100克左右，长椭圆形，刺束长，排列密集。平均每苞含坚果2.6个。坚果椭圆形，大型，平均单粒重23.7克，每500克有21粒左右坚果。果皮紫褐色，果面茸毛长且多；果肉细腻，较糯，含水量为49.2%，干物质中含糖15.58%、淀粉49.28%、蛋白质8.49%。在江苏南京地区，果实于9月下旬成熟。

该品种产量稳定，每平方米树冠投影面积产量为0.38千克。适应性强，较耐干旱和早春冻害。特别是对桃蛀螟和栗实象鼻虫有较强抗性，采收时好果率达91.8%，极耐贮藏。

24. 青毛软刺 又名青扎、软毛蒲、软毛头。原产于江苏省宜兴和溧阳两市，栽培数量较多。1993年通过江苏省品种认定，是江苏省优良板栗品种之一。树姿较开展，树冠呈半圆头形。结果母枝长约14厘米，新梢灰褐色，混合芽大，叶片椭圆形。总苞呈短椭圆形，刺束密生棚刺长而软。总苞皮厚，平均每苞含2.4粒坚果。坚果椭圆形，果顶平，中等大，平均单粒重14.2克，每500克约为35粒左右。果皮棕褐色，光泽中等，茸毛短而少，集中分布在果顶处。鲜果肉含水量44.8%，干物质中含糖14.8%、淀粉45.7%、蛋白质7.43%。坚果品质优良，果肉细腻，耐贮藏。

成龄树树势中等，平均每条结果母枝抽生结果枝 2.9 条。在江苏省宜兴和溧阳等市，9 月 20 日左右果实成熟，出实率为 43%，空棚率为 10.5%。该品种丰产、稳产，8 年生树株产坚果 8.5 千克，每平方米树冠投影面积产量为 0.48 千克，为优良的炒食和菜用兼用品种。

25. 处暑红　原产于江苏省宜兴、溧阳两市。由于果实成熟期早，一般在处暑成熟，故称“处暑红”。树姿开展，树冠半圆头形。树势较强，成龄树平均每条结果母枝抽生 3.7 条新稍，其中结果枝 1.1 条，雄花枝 2 条，纤弱枝 0.6 条。每条结果枝着生总苞 1.7 个。总苞大，呈椭圆形，重 100 克以上，刺长 2 厘米，密生，硬性，出实率为 40%左右。坚果圆形，果顶平或微凸，平均单粒重 17.9 克，果皮红褐色，果面毛茸短而少，明亮美观，每 500 克有坚果 30 粒左右。鲜果肉含水量为 49%，干物质中含糖 16.4%、淀粉 46.3%、蛋白质 8.7%。果肉质地细腻，偏粳性，香甜，不耐贮藏。在江苏省果实 9 月上中旬成熟。

该品种较丰产，果大，美观，抗逆性和适应性较强，成熟期早。适宜在大、中城市近郊栽培，作菜栗用。

26. 黏底板　原产于安徽省舒城，因成熟后栗棚开裂而栗实不脱落，故称“黏底板”。树冠开张，呈圆头形或扁圆形。枝条粗壮，叶片大，肥厚，皮孔扁圆形，较大，中密。结果母枝长 22 厘米，直径 0.7 厘米，果前梢长 4 厘米。成龄树树势旺盛，新梢中结果枝占 45%。结果母枝平均抽生果枝 1.4 条。每条结果枝着生总苞 1.8 个，出实率为 40%。总苞大，呈椭圆形，重 84.2 克，刺束密，较硬。平均每苞含坚果 2.7 粒。坚果椭圆形，果顶微凹，平均单粒重 13.5 克，每 500 克有坚果 37 粒左右。果皮红褐色，有光泽，果面茸毛较少。坚果大小整齐，美观。果肉细腻香甜，干物质中含糖 9.2%、淀粉 50.1%、粗蛋白质 5.95%。在舒城地区，果实于 9 月中旬成熟。较耐贮藏。

该品种早实丰产，嫁接后3年生树平均株产坚果1.2千克；5年生株产坚果2.8千克；10年生便可进入结果盛期，每平方米树冠投影面积产量达0.65千克。大小年不明显，连续3年结果的枝条占55%，连续2年结果的枝条占30%。适应性广，抗逆性较强。

27. 大红袍 又名迟栗子。原产于安徽省广德县。树体高大，树冠开张，扁圆头形。结果母枝粗壮，长24.8厘米，直径0.78厘米。成龄树树势强健，平均每条结果母枝抽生结果枝1.2条，每条结果枝着生总苞1.2个。总苞近圆形，重117克，刺束绿色，较硬，疏密中等。平均每苞含坚果2.5个，出实率为40%，成熟时呈"十"字形开裂，少三裂。坚果近圆形，果顶凸，果肩平，大小不甚整齐，平均单粒重18克。果皮红褐色，有光泽，果面茸毛呈纵向条状分布，底座中等偏大，接线微波状。果肉质脆，风味淡，鲜果含水量为45.5%，干物质中含糖9.9%、淀粉51.8%、粗蛋白质6%。坚果耐贮藏。

该品种树势旺盛，早实，丰产，稳产。嫁接3年生树，平均株产坚果0.7千克，5年生株产坚果2千克，20年生株产坚果9千克。每平方米树冠投影面积产量为0.34千克。适应性广，抗旱力较强。

28. 邵阳它栗 原产于湖南省邵阳、武岗和新宁等地。为当地主栽板栗品种，栽培历史悠久，系嫁接品种。树势较强，树型矮小，枝条开张，树冠半圆头形。总苞椭圆形，重87克，刺束较密而硬，出实率为35%。每条果枝着生1.8个总苞，每苞含坚果2～3个。坚果扁椭圆形，果顶稍凹，平均单果重13.2克，每500克有坚果38粒左右。果皮棕褐色，光泽暗淡；底座中等，接线平直。果肉稍粗，鲜果含水量为48.2%，干物质中含糖21.8%、淀粉32.9%、蛋白质12.1%，品质中上等。其果实在当地于9月下旬成熟。

树冠矮，分枝低，发枝力强，连续结果能力强。14年生树，每条母枝抽梢5～7个，其中结果枝占38.4%，雄花枝占57%，纤弱枝占4.6%，母枝中连年结果的高达85%，常年株产15～20千克。该品种亲和力强，与茅栗、锥栗、小叶栎嫁接后生长较好。成龄树较丰产，每平方米树冠投影面积产量为0.3千克，坚果大而整齐，耐贮藏。

29. 迟栗 又名深刺大板栗。原产于湖北省宜昌和秭归等。苞刺长而密，因而得名“深刺大板栗”，栽培面积约占当地栗栽培面积的20%。树高大而开张，叶片大而肥厚，结果母枝粗壮。总苞椭圆形，刺束排列密集，分枝角度小，平均每苞含坚果3粒，出实率为39.2%。坚果椭圆形，大小整齐，平均单粒重25.5克，每500克有坚果20粒左右。果皮棕红色，茸毛少，底座大；果肉淡黄色，略有香气；鲜果水分含量为54.3%，干物质中含糖19.2%、淀粉51.4%。坚果品质优良、生食较好，耐贮藏。在当地果实成熟期为9月中旬。

幼树生长势中等，嫁接后4年结果。连续结果能力较强，连续3年结果的枝条占47%。成龄树树势强健，40年生树高9米，冠径8米。新梢中结果枝占57%，雄花枝占33%，发育枝占10%。一般株产量为15千克，最高年产量达25千克，大小年明显。

30. 中果红油栗 原名桂选72—7、红油栗。产于广西阳朔和平乐等县，实生类型。20世纪70年代后，在桂林地区嫁接繁殖，推广较普遍。树势强，树冠高圆头形，平均枝长29厘米，直径0.65厘米。混合芽圆形，灰棕色。新梢中结果枝占36.1%，雄花枝占33%，纤弱枝占30.9%。一般母枝抽生果枝2条，每条果枝着生总苞2.1粒。总苞椭圆形，中大，重56克左右，每苞含坚果2.4个。坚果椭圆形，中等大，果顶平或微凹，大小整齐美观，平均单粒重14克，每500克有坚果30～50粒左右。果皮红褐色，油亮，具光泽，果面茸毛极少，底座较小。果肉细糯，其干物质中含淀粉67.5%、糖13.5%、蛋白质7.3%。

在当地，果实于10月上旬成熟，较耐贮藏。该品种丰产稳产，

10年生嫁接树单株产量为5～10千克,30年生实生树连续3年株产在50～80千克,每平方米树冠投影面积产量为0.49千克。该品种抗病性强,适应性广。

31. 云珍 母株产地位于云南省玉溪市峨山彝族自治县,实生繁殖。1999年通过省级鉴定,命名为云珍。树冠偏圆头形,树姿较开张。1年生枝灰绿色,皮孔椭圆形,大而稀,茸毛少,灰白色。每条结果母株平均抽生新梢6.4条,其中结果枝占62.5%,发育枝占12.5%,雄花枝占9.4%,纤弱枝占15.6%。每条果枝平均着生总苞2～4个,连续结果能力强。总苞椭圆形,平均重48克,刺束稀,出实率为41%～55.2%。总苞皮厚0.2厘米,成熟时成"一"字形开裂。坚果椭圆形,平均单粒重11.2克,果顶平,茸毛较多;果皮紫褐色,光亮;底座中,接线如意状。鲜果肉含水量为49.09%,含糖19.49%、淀粉43.78%、粗蛋白质8.35%。在当地,果实成熟期在8月下旬。

早实丰产,高接在12年生大树上,2年单株产量为2.01千克,6年单株产量约13.56千克。嫁接在2年生实生栗树上,2年单株产量为0.52千克,4年生树平均株产量为3.52千克,结果株率达100%。抗逆性强,适宜云南海拔1 200～2 100米的广大山区、半山区栽植。

32. 辽阳1号 原产于辽宁省辽阳县,1975年开始在当地扩大繁殖。树冠扁圆头形或圆头形。结果母枝长22厘米,直径0.5厘米,皮孔椭圆形,中密。母枝平均抽生结果枝2.1条,每条果枝着生总苞1.6个。总苞近圆形,中大,重51～60克,刺束短而密,苞皮较薄。平均每苞含坚果2.3粒,出实率为35.2%。坚果圆形,小型,平均单粒重7克;果皮红褐色,有光泽,果面毛茸较少。果肉质地细腻甜糯,品质优良。在当地,果实成熟期在9月下旬。

其10年生高接树,树高4.3米,冠径4.7米。高接树3年后开始结果,每平方米树冠投影面积产量为0.27千克,较丰产。在栽培条件差时,有隔年结果现象。

33. 辽栗10号 由辽宁省经济林研究所以丹东栗为母本,日本栗为父本,杂交育成。2002年通过辽宁省新品种审定。树姿开张,母枝抽生结果枝2.4条,平均每条果枝着生总苞1.8个,每总苞含坚果2.4粒。坚果三角状卵圆形,单粒重18.9克。果皮褐色,涩皮易剥离。果肉黄色,较甜,有香味。早实,丰产,嫁接后2年结果株率在90%以上,4年生树平均株产坚果5.3千克,出实率为65.7%。果实于9月下旬成熟,抗栗瘿蜂和抗寒能力均较强。

(三)优良砧木的选择

1. 优良砧木的选择标准 对板栗优良砧木的评价指标,应包括以下几个方面。

(1)亲和性 指砧木与接穗嫁接愈合,并生长开花结果的能力。种间和品种间常有嫁接不亲和或亲和性不好的现象发生。

(2)早实性 嫁接后结实的早晚。

(3)丰产性 嫁接后丰产性的高低及丰产持续的时间。

(4)抗逆性 能否提高品种对不良生长环境的抗性。

(5)生长势 对树体生长起到乔化、矮化或半矮化的作用。

2. 优良砧木的选择种类 不同种间栗属植物嫁接时常表现亲和力差,成活率低或后期不亲和现象。目前,板栗砧木仍以实生板栗和野板栗为主。茅栗、锥栗、日本栗,以及栎类做砧木嫁接板栗亲和力极差,成活率低或后期不亲和,生产中多不采用。

(1)实生板栗 也称本砧、共砧。我国北方产区和长江流域进行板栗嫁接育苗时,多采用本砧,嫁接后亲和力好,根系发达,生长旺盛,较耐干旱和瘠薄,抗病性强,但抗涝能力差。

(2)野板栗 湖北、安徽及江苏南部等产区,有用野板栗做砧木的历史和栽培经验。采用野板栗砧,嫁接亲和力好,成活率高,嫁接后结果早,树体生长旺盛,有一定的矮化效果。

二、操作技能

(一)品种选择的标准

板栗品种选择的主要标准是:一是适应市场需求;二是适应当地生态环境;三是商品性状优良,早实、丰产、稳产、抗病虫能力强,品质优良。以上三点缺一不可。如当地以销售炒食板栗为主,应选择单粒重中等,外果皮油亮,质地细糯香甜,含糖量高的品种。发展绿色无公害、有机板栗,更应考虑当地土壤、空气等生态环境条件。现推广应用的品种,在早实性和丰产性等方面,一般表现优良,但选择品种时仍要注意品种间的细微差别。如"红栗"品种,对肥水条件要求较高,在土层深厚,土质肥沃的河滩与沟谷表现丰产,但在瘠薄山地则表现枝条纤细,空棚率高。

(二)引种程序

果树的种类和品种在自然界都有它一定的分布范围,人类为了某种需要把果树从原分布区移种到新的地区,这种行为称作引种。引种时要坚持"既积极,又慎重"的原则,在认真分析和选择引入材料的基础上,为加快引种进程,一般应先进行引种试验,采取少量试引、积极观察、有控制的中间繁殖生产、大面积推广的步骤。

1. 选择引入材料 引入材料的选择需遵循两个原则,一要符合已定的引种目标,二要适应当地的生态条件。根据以前的引种方法和经验,选择引入材料时,应注意以下几点。

第一,分析并确定当地影响适应性的主要生态因子,如温度、湿度、光照和土壤等,作为估计能否适应的依据。

第二,调查引入材料的分布范围,估计其可能的适应范围。

第三,分析果树中心产区和引种方向之间的关系。对于每一个种或品种，中心产区是其最适应的生产地区。引种时将材料从现栽培区向中心产区方向迁移，称向心引种；反之，将材料向中心产区以外的方向迁移，称离心引种。向心引种的适应可能性大于离心引种，有时甚至可以简化或免除引种栽培，将外地品种直接用于生产。

第四，参考适应性相近的种或品种在本地区的表现。引入树种或品种在原产地或现有分布范围内常常伴生其他一些树种或品种，表现出对共同条件的相似适应性。通过分析这些伴生树种或品种在引种地区的适应性，预测引入品种的适应可能性。

第五，引入抗性类型或品种，可从相应的病虫害或灾害经常发生的地区选择引种材料。

第六，考察引入材料的亲缘关系。根据材料系统发育中有关亲本类型的生态习性，估计材料本身对引入地的适应能力。

第七，借鉴前人经验及参考有关资料，避免盲目引种，提高引种的成功率。

2. 引种材料的收集和编号登记　引种材料可通过实地调查或通信邮寄等方式收集。最好的形式是实地收集，这样可以保证信息的准确性，防止混杂。收集时，应根据材料的典型特征，从没有病虫害的幼株上采集繁殖材料。收集的材料必须详细登记并编号。登记项目包括种、品种名（学名、俗名等）、繁殖材料种类（种子、接穗、插条、苗木等，嫁接苗砧木名称）和数量、材料来源、收到日期及收到后采取的措施（假植、定值等）等。每种材料只要来源不同和收集时间不同，都要编号，并在档案中注明材料的植物学性状、经济性状、原产地的生态特点等相关内容，做到有据可查。

3. 引种材料的检验　为避免随引入材料传入病虫草害，特别是从国外引入的材料，必须进行严格的检疫、检验，根据检疫结果采取相应的措施。

4. 引种试验　以当地有代表性的品种为对照，对引入材料进行系统的比较和鉴定，确定其优劣和适应性，试验地环境条件和管理措施应尽量一致。引种试验一般包括以下几个步骤。

(1)试引观察　将引进的材料进行小面积试种观察，初步鉴定其对当地生态条件的适应性；同时，将引入材料进行高接，促其提前开花结果，缩短引种观察的时间。

(2)品种比较试验和区域试验　对试引观察中表现优良的品种进行比较试验，做进一步比的较鉴定。选取比较试验中表现优异的品种，参加区域试验，以确定其适应地区和范围。为加快引种试验进程，对在高接中经济性状及适应性表现优良的，可进行小范围的生产中间繁殖，并在这一过程中对经济性状和适应性作进一步鉴定。

(3)栽培性试验推广　经过品种比较试验和区域试验及生产性中间繁殖试栽后，对经济性状和适应性表现均较好的引入材料，可进入较大面积的栽培性试验，在进一步了解品种特性的基础上作出综合评判。确定最适宜、适宜或不适宜发展区域，并制定配套栽培措施，有序推广。

(三)引种的注意事项

1. 坚持“既积极，又慎重”的原则　板栗引种投资少，见效快，简单易行，对调整品种结构具有重要意义，但盲目引种会给生产造成重大损失。因此，引种时一定要遵循引种程序，坚持少量试引、多点试验、全面鉴定、逐步推广的步骤，不急于求成。另外，引种还应针对生产中存在的问题或育种既定目标，有重点地按计划进行。

2. 突出原产地和引入地的生态比较　明确原产地和引入地的生态特点，如土壤、气候特征等，找出两地生态因子的异同点，为判定引入材料的适应性提供参考依据。

3. 加快引种进程，缩短引选周期　采用高接、摘心和喷施生长调节剂等农业技术，加快选育进程，缩短选育周期。

4. 严格检疫制度 引种时，要严格执行检疫标准，避免各种检疫对象传入。由于栗疫病的传入，曾使美国栗生产遭受毁灭性打击，至今仍未恢复，应引以为戒。

思考题

1. 板栗优良品种有哪些基本特性？

2. 调查当地砧木嫁接板栗的成活率，观察有无后期不亲和现象。

3. 在板栗的引种过程中应注意哪些事项？

第四章　苗木培育与高接换种技术

一、专业知识

(一)健壮苗木的标准

品种纯正,砧木类型正确,地上部枝条健壮、充实,芽体饱满。

1. 实生苗规格　地径(苗干基部土痕处的直径)0.7厘米,主侧根长20厘米,以保证在定植的第二年春季及时进行嫁接。

2. 嫁接苗规格　嫁接口以上直径1厘米以上,高度1米以上,侧根长20厘米,数量在4条以上,接口愈合良好,无病虫害及机械损伤。

(二)板栗的繁殖

板栗的繁殖分为实生繁殖和嫁接繁殖两种。为达到板栗良种化要求,现代园艺化栽培时提倡嫁接繁殖。板栗嫁接类型分为苗木嫁接、幼树嫁接和大树多头高接换种三类。嫁接方法有劈接、插皮接、双舌接、腹接和带木质部芽接等。

(三)高接换种的重要意义及技术要领

目前,在板栗主产区仍然存在大量低产栗树,一部分为实生树,另一部分为嫁接劣种,表现树体高大,管理粗放,效益低下。这些树如果改造得当,产量和质量将大幅度提高。但是,在低产大树高接换种的过程中,也容易出现一些问题:一是盲目换种,在没弄清低产原因的情况下,误将管理不当造成的低产当作劣种改换掉;

二是高接换种操作不当，截干过重或过轻，接头太少或太多，导致树冠恢复慢或过早形成郁闭状态，进入盛果期延迟；三是只注重改换良种，忽视接后的配套管理，致使良种特性不能充分发挥。

二、操作技能

（一）健壮苗木的繁育

1. 苗圃地选择与准备　苗圃地一般设在用苗中心，可以较少运输费用并减少途中损失。选择地势平坦、土层深厚、土壤肥沃、呈微酸性、无严重病虫害、无重茬障碍、具备灌溉条件且排水良好的砂壤土或轻黏壤土作苗圃地。播种前深翻地块，施足基肥，浇足底水，耙平做畦。

2. 砧木苗的培育　繁育壮苗的程序是，第一年培育实生砧木苗。翌年春季获得成苗，在有野板栗分布的区域，也可就地嫁接。

（1）选种　选种是获得优质苗木的基础，应选择树体健壮、高产、与当地品种嫁接亲和力高的单株做母株，待总苞自然开裂，拣取成熟饱满、大小一致、无霉变、无病虫害的坚果作种用。

（2）种子贮藏　板栗种子在贮藏过程中易霉烂，易失水。用沙藏、窑洞贮藏和架藏等方法，可收到理想贮藏效果。

（3）播种　播种期分为春播和秋播。春播发芽率高，栽培管理期短，为通常采用的播种时期。播种方式分为直播和畦播。直播是将栗种播在定植穴内，每穴放种子 2～3 粒，覆土 5～7 厘米，待 1～2 年后，选一壮苗就地嫁接。畦播于种子春季发芽前后进行，做畦开沟，沟深 3～4 厘米，株行距为 15 厘米×30～40 厘米，种子正平放、反平放、侧放均可，但要避免底座朝天或倒立放置。播后覆土 2～4 厘米厚，为避免土壤板结影响出苗，应不再浇水。在干旱地区播种可略深，但覆土不能太厚。为提高出苗质量，可在播种前催芽，待胚根长到1～3厘米时，剪去根尖0.5厘米，促进侧根萌发。

(4)苗期管理　待1～2周出苗后，视墒情浇水。当幼苗展叶后，可追第一次肥，结合浇水进行。北方地区4～6月份干旱，需浇水2～3次；7～8月份降雨多，要进行中耕除草，并注意排涝；8～9月份干旱，也应浇水。雨季追肥以氮肥为主，每667平方米施用量不超过15千克。为促使组织充实，生长后期不再追施氮肥。北方地区冬季严寒干燥，易引发栗苗“抽干”，即自上而下干枯。为防止“抽干”发生，秋季应剪除苗干(平茬)。土壤瘠薄的栗园，可连续平茬1～2年，以培育壮苗。

3. 嫁接苗的培育

(1)接穗的选择　接穗采集可在萌芽前1个月进行，选择生长健壮、优质丰产、适应性强、无病虫害的结果枝和发育枝，以树冠外围充实粗壮的枝条为最好。采后蜡封，蜡液温度控制在90℃～100℃，蜡封后按品种捆好，放于5℃～8℃条件下贮藏，随用随取。

(2)嫁接时期　春季枝接，在砧木萌动至萌芽展叶前进行。具体时期因地区和气候而异。如辽宁地区在5月上旬进行，河北地区在4月中下旬进行进，山东地区在3月底至4月中旬进行，江西地区在3月下旬至4月中旬进行。

(3)嫁接方法　板栗的嫁接方法，有枝接和带木质部芽接两种。由于板栗枝条木质部呈齿轮状，芽接法的芽片和砧木木质部外侧形成层不易贴合，导致成活率降低，因此，生产中以枝接为主。板栗枝接方法很多，有劈接、切接、腹接、双舌接和插皮接、插皮舌接等，可依嫁接时期、嫁接部位和接口粗度、接穗粗度等，选择适当的方法进行嫁接。

①劈接：砧木较粗时(接口直径在3厘米以上)或砧木尚未离皮时，用此法嫁接。先将砧木截去上部并削平断面，用劈接刀在砧木中央垂直下劈，深约4～5厘米；一般每段接穗留3个芽，在距最

下端芽0.5厘米处，用刀沿两侧各削一个4～5厘米的大削面，使下部呈楔形，两个削面应一边稍厚一边稍薄。然后迅速将接穗插入砧木劈口，使形成层对齐贴紧，最后绑好即可。

②切接：砧木较细时适用此法。在要嫁接的部位将砧木剪断，剪口要平，然后用嫁接刀在砧木横切面的1/3处垂直切入，深度应略小于接穗的大削面；将接穗下部的一面削成长3厘米左右的大斜面（与顶芽同侧），另一面削成长1厘米左右的小削面，削面必须平整。然后迅速将接穗按大斜面向里、小斜面向外的方向插入切口，使砧、穗的形成层贴紧，最后用塑料条绑好。

③双舌接：在砧木与接穗粗度较小（1～2厘米），且二者粗细相当的情况下适用此法。在砧木上削出长3～4厘米的马耳形削面，在削面上端1/3长度处，垂直向下切一长约2厘米的切口，接穗与砧木削法相同。然后，将砧、穗大、小削面对齐插入，直至完全吻合，使两个舌片彼此夹紧。若砧穗粗度不等，可使一侧形成层对齐，最后包严绑紧。

④插皮接：又叫皮下接，砧木离皮后应用此法。在砧木的嫁接部位选光滑处剪断，断口要平，以利愈合。在接穗的下部先削长3～5厘米的长削面，使下端稍尖。再在削面的对面轻削去皮。接穗上部留2～3个芽，顶端芽要留在大削面的背面。再在砧木断口处选光滑部位，纵切一个比接穗长削面稍短的切口，深达木质部，并将树皮向两边轻轻拨起。然后，将接穗长削面对着木质部，从皮层切口中间插入，并使长削面留白0.5厘米。砧木直径2厘米以上时，插1个接穗，2～4厘米时插2个接穗，4～6厘米时插3个接穗，6～8厘米时插4个。

(4)嫁接后管理

①除萌蘖：嫁接后砧木萌蘖大量发生，为避免萌蘖与接穗争夺养分，影响苗木生长，必须多次、及时将其除去。大树改接时，应注意在枝干稀疏或光秃地带，选留少数萌蘖，留做翌年补接使用。

②绑缚：在砧木和接穗没有完全愈合前，容易受风害折损，必须绑缚支柱。其方法是：当新梢生长至30厘米左右长时，将新梢轻轻绑在支柱上。随着新梢的生长，每30厘米捆绑1次，先后绑3～4道即可。

③解绑：在枝干加粗生长的高峰前期，解除接口处的捆绑材料，以防止勒进砧木和接穗组织中形成勒痕。

④摘心：新梢生长至30～50厘米长时，掐去先端3～5厘米长的嫩梢，使新梢组织充实，并促生二次枝，促进树冠早日形成。

⑤土肥水管理：春季干旱时浇水，夏季追肥结合浇水进行，并注意中耕除草。

⑥病虫害防治：春季萌芽后易受金龟子为害，夏季易受栗大蚜、红蜘蛛和刺蛾等为害，应注意防治。接口处易发生栗疫病，可用波尔多液或含有少量福美砷的杀菌剂防治。

4. 苗木的出圃、检疫、贮运与假植 选取达到标准的嫁接苗出圃，对未达标准的继续培育。起苗前10天左右浇水，使土壤松软；起苗时尽量少断根，注意保留须根，以有利于苗木成活，并缩短缓苗期。起苗后要尽快运至目的地栽植。长距离运输时，应对苗木严密包装。包装以草帘、草袋和麻袋等具有吸湿性的材料为宜，其内用湿锯末、杂草和稻草等填充，防止失水。近距离运输时可不包装，但需用泥浆蘸根。暂时不栽植的苗木可假植，将根系蘸水或泥浆后，置于背风阴凉处。

苗木检疫由经国家指定的机关或相关专业人员进行，用于绿色无公害果园的苗木，必须具备合法的检疫证。板栗苗木、接穗、种子的国内检疫对象为栗疫病。在板栗新发展区，一切危险性病虫和当地未发现的病虫，均应列入检疫范围，对发现有检疫对象的材料，应及时上报有关部门妥善处理。

（二）高接换种技术

1. 品种的选择　选择适合当地的优良品种，或经省、国家审定的优良品种，要求适应当地生态环境，丰产、稳产、抗逆性强、品质优良。

2. 高接换种　采用多头、多穗高接方式时，应充分利用原有树冠骨架，使接桩高低合理分布，避免接口过粗而接穗过小。如树干过高，可在截干后进行多接穗嫁接，枝干上的光秃部位可进行腹接。对于6年生以上中幼树，接桩最佳粗度为直径3～4厘米；直径在3.5厘米以上的接口，应插2个接穗，更粗的要插3个接穗。对3～4年生幼树，可在主干上截干嫁接，也可选择3～5个主枝改接。截干的适宜高度为20～40厘米。特殊情况下，如干高超过1米，可以自地面锯掉，在树墩上用插皮法嫁接。

板栗高接的方法很多，目前应用较多的有插皮舌接、改良插皮接和皮下腹接等，其中以插皮舌接最为简便且成活率高。

（1）*插皮舌接*　砧木接口直径需在3厘米以上，直径达3～4厘米时，插2条接穗。接穗长15厘米左右，削面上端要有2～3个饱满芽。斜削面呈长马耳形，长5～8厘米。嫁接时选砧木平直处锯去上部，在砧木接口的待插部位，按照接穗削面的形状，轻轻削去老皮露出新皮，其削面的长宽要稍大于接穗的削面。然后，将接穗削面前端的皮层捏开，将接穗的木质部慢慢插入砧木的木质部与韧皮之间，接穗的皮部放在砧木的嫩皮上，微露削面即可，然后绑好。

（2）*改良插皮接*　首先确定砧木的嫁接部位，在嫁接部位以上40～50厘米处锯去枝头。然后从嫁接部位处对砧木环割一圈，向上3～5厘米处再环割一圈，取下皮层。将削好的接穗插入环剥口下砧木皮层，用塑料条绑缚固定。由于砧木的接口上部进行了环剥，并且枝头已剪掉，因此上部砧木即成了当年的活支柱，待1年后从接口处锯掉，会很快愈合，少风折，成活率高。

(3)皮下腹接　主要用于树体内膛光秃带补枝。具体方法是：在砧木需要补枝的部位(一般每隔 75 厘米补一个枝)，先将其老皮削薄至新鲜的韧皮部，然后割一"T"字形口，在横切口上端1～2 厘米处，用嫁接刀向下削一月牙形斜削面，下至"T"字形横切口，深达木质部。接穗要求长一些，一般为 20 厘米左右。最好选用弯曲的接穗，削面要长，为 5～8 厘米的马耳形，背面削至韧皮部，然后将接穗插入砧木，用塑料条包扎紧密，不露伤口即可。

3. 高接后的管理

(1)防治虫害　发芽后至叶片迅速生长期，最易遭受食叶害虫的为害，要及时喷药防治。

(2)新梢绑缚与解缚　新梢生长旺盛，叶片大而厚，遇到强风后极易从嫁接口处折断。因此，当新梢长至 30 厘米长时，应进行必要的捆绑。操作时，将支柱牢牢固定在砧桩上，再将新梢松绑在支柱上。以后，随新梢生长，再绑缚 2～3 次。当接后新梢长到 30 厘米长时，应及时解除接口处塑料条，否则易形成缢痕和发生风折。若伤口未愈合，还应重新绑上，并在 1 个月后再次检查，直至伤口完全愈合后再将其全部解除。

(3)摘心　为早日形成树冠，达到早实、丰产的目的，应对新梢进行摘心。第一次摘心应在新梢长至 30～40 厘米长时，将嫩梢摘除；此后，每当新梢长至 30 厘米左右长时，按相同方法摘除嫩梢。

(4)除萌蘖　嫁接后十几天，砧木上即可产生萌蘖，如不及时除掉，会严重影响接穗成活后的生长。除萌蘖要随时进行，对小砧木上的要除净。对大砧木上的，如光秃带长，则应在适当部位选留一部分萌枝，留做翌年嫁接使用。如砧木较粗和接头又较小时，则不要全部抹除，在离接头较远的部位适当保留一部分，以利长叶养根。

(5)修剪　于冬季进行，重点是培育骨干枝，调整主枝的生长方向，以扩大树冠，为以后例行修剪做好准备。

思考题

1. 如何选择健壮苗木？
2. 苗木嫁接后的管理要点有哪些？
3. 高接换种应注意的问题有哪些？
4. 如何进行高接后的管理？

第五章　建园技术

一、专业知识

(一)生态环境对果树生长发育的影响

板栗对降水量要求不严。但在进行绿色板栗生产时,对水质的要求较为严格,必须保证灌溉水质不受污染。水质污染主要来自城市污水和工矿区废水,其中含有相当数量的酚类、氰化物、卤化物及汞、镉、砷、铅等物质。灌溉前,要由法定检测机构对水质进行定期监测和评价。建园时,园地要选择在地表水、地下水水质清洁,没有污染的地区,并远离可能对水体造成污染的矿区和工厂区(表5)。

土壤是板栗吸收水分、养分的来源,土壤环境(如土壤类型、质地、通透性、酸碱度、农药残留量和重金属含量等)直接影响板栗根系的生长发育,进而影响板栗的正常生长。板栗适应性强,对土壤类型要求不严。但在有机质丰富的沙壤土中生长时,根系发达,并能产生大量菌根;质地黏重、通透性差、排水不畅的土壤,不利于板栗生长。板栗喜偏酸性土壤,适宜范围为 pH 4.6~7.5,最适范围为 pH 5.5~6.8。当 pH 超过 7.5、含盐量超过 0.2%时,植株生长势差或很难成活。

另外,进行绿色板栗生产时,产地空气质量也要符合相关标准(表6)。绿色无公害食品生产基地,一般建在主导风向的上风口,以减少工业废气、交通尾气等污染源的影响。空气中污染物主要有二氧化硫、氮氧化物、氟化物和总悬浮颗粒物等。二氧化硫易形成酸雨，烧伤植株叶片，并对土壤造成污染。与二氧化硫引起的症状非常相似，汽车尾气是氮氧化物的主要来源。氟化物对植株叶片和枝条均可造成危害。遭受氟化氢危害的叶片，首先叶尖和叶缘坏死，最后叶片失绿和脱落。总悬浮颗粒物附着于叶片之上，造成叶面污染，影响光合作用的进行。

表 5　绿色食品产地环境要求——灌溉水指标

项　目		指　标
pH 值		5.5～8.5
总　汞	毫克/升	≤　0.001
总　镉	毫克/升	≤　0.005
总　砷	毫克/升	≤　0.05
总　铅	毫克/升	≤　0.1
六价铬	毫克/升	≤　0.1
氟化物	毫克/升	≤　2.0

表 6　绿色食品产地环境要求——土壤中污染物指标

重金属		限量指标		
pH 值		<6.5	6.5～7.5	>7.5
镉	毫克/千克	≤0.3	≤0.3	≤0.4
汞	毫克/千克	≤0.25	≤0.3	≤0.35
砷	毫克/千克	≤25	≤20	≤20
铅	毫克/千克	≤50	≤50	≤50
铬	毫克/千克	≤120	≤120	≤120
铜	毫克/千克	≤100	≤120	≤120

表 7 绿色食品产地环境要求——空气指标

项目		指标	
		日平均	1小时平均
总悬浮颗粒物(TSP)	(毫克/米^3)	≤0.30	—
二氧化硫(SO2)	(毫克/米^3)	≤0.15	≤0.5
氮氧化物(NO_X)	(毫克/米^3)	≤0.10	≤0.15
氟化物	(微克/米^3)	≤7	≤20

(二)地理位置、交通条件对果品效益的影响

板栗园的位置不仅直接影响板栗生产,还会影响到板栗坚果的贮藏和销售等采后问题,在一定程度上决定种植效益的高低。优越的地理位置,除具备适合板栗正常生长的生态环境外,还要求交通方便,信息畅通,便于组织高效优质生产。果品生产的最终目的是要进入市场,实现收益。便利的交通条件,能有效地减少中间流通环节,降低初级市场和终端市场的差价,保护生产者的经济效益。另外,在板栗传统产区一般建有规模不等的收购和批发市场,市场管理规范,物流畅通,辐射面广,生产者和销售者都能从中受益。目前,国内较大的板栗交易市场有:黑龙江牡丹江市双合中俄蔬菜果品批发市场,秦皇岛昌黎农副产品批发市场、兴隆京东板栗交易中心,山东济南堤口路果品批发市场,江苏无锡锡澄果品批发交易市场、南京农贸中心和凌家塘农副产品批发市场,贵州遵义坪丰农副产品综合批发市场等。

(三)建园的基本条件

在建立果园,尤其是大规模果园时,必须慎重选择园地。要对园址进行正确、客观的评价,达到或基本达到建园要求后,再进行科学合理的规划设计。

1. 生态条件适宜　建园时，首先要考虑园址的生态条件是否适合板栗的正常生长发育。需要考虑的生态因素，主要包括温度、光照、降水、土壤、地势、生物和风等。进行绿色无公害果品生产时，环境条件必须符合生产标准。绿色无公害果品生产园址应选择生态条件良好的地区，应远离工矿区和公路铁路干线，避开工业和城市污染源，具有可持续的生产能力。在建立绿色无公害果品生产基地时，应该先请环保部门监测基地的大气、水质和土壤等各项指标，看其是否符合该种果品的产地环境条件要求。

2. 交通、通讯便利　提高经济效益是板栗生产的最终目标，不仅要产得出、卖得出，还要卖个好价钱。果园附近交通便利，有利于农资和果品的及时运输，不会由于道路不畅等原因而造成不必要的经济损失；如果规划得当，是完全可以避免的。保障通讯畅通，能够及时了解生产动态，摆脱落后的生产方式，获取最前沿的供销信息，有效提高板栗的栽培效益。

二、操作技能

（一）园址选择的标准

板栗园一般建立在山区、丘陵地和河滩地，以充分利用荒山、滩涂等非粮田地，这不仅能保持水土，改善生态，更重要的是能增加农民收入。虽然板栗抗逆性和适应性比较强，但建园时仍要做好选址工作。

在各种温带果树中，板栗对土壤酸碱性最为敏感，首先应避免在盐碱地区栽植，以免造成不必要的损失。山地、丘陵建园，一般选择土层较厚的中下部山坡，并且宜选阳坡或半阳坡栽植板栗树。沿海地区常有“抽干”现象发生，应避开西北向山坡栽培；在北方高纬度地区，东西坡易遭受冻害，北坡光照不足，对板栗生长不利；在水土冲刷严重、无法加厚土层的地方，以及强风口和寒风口，均不宜建立栗园。平地栗园多选择在河滩地和废弃河道，这些区域土壤有机质含量低，地下水位高，保水保肥能力差，但透气性好，经改良后完全适宜板栗生长。在河滩地建园，要做好掺土增肥工作，改善土壤理化状况，提高土壤肥力。

（二）园地规划与建设

1. 小区规划 根据果园面积、地势和方位情况，以及方便管理的原则，一般将果园划分为若干个作业小区，每个小区作为一个基本管理单位。划分作业区时，要求同一区内的气候、土壤和品种等应保持一致，集中连片，以便于有针对性的栽培管理。划分的作业区要能够减少和防止果园水土流失，降低或防止果园受风害，便于运输和实行机械化作业。作业小区的面积，在地形变化较剧烈和起伏不平的山地丘陵，可设为1～2公顷；位于平地上的果园，每个小区可考虑为3～7公顷，视具体情况而定。作业小区一般设为长方形，在平原，长边作为果园的行向，南北向延伸，有风害的地区，长边应与风害方向垂直；在山地丘陵，小区长边应与等高线平行。为了栽培管理和销售的方便，原则上一个小区只栽种一个品种。果园内的其他附属设施，如道路、建筑物和排灌系统等，应尽量少占耕地。

2. 道路规划 具有一定规模的板栗园，必须合理规划道路系统，集约化栽培的果园，道路系统主要包括主路、干路和小路。

（1）主路 要直接与外界相通，与园内生活区与库区等相连，并以最短路程贯通全园，以便于果品、肥料、农资的运输。主路宽5～8米，山地栗园的主路可盘山而上，或成“之”字形上山，其坡度小于57°，转弯半径大于10米，路基要夯实，路面要平整，两边要设置排水管和防护林。

（2）干路 需沿坡修筑，一般作为小区间的分界线，贯穿于各小区之间，并与主路相连，以便于机动车和作业机械通过。干路宽3～5米，转弯半径大于3米。山地果园的干路一般沿等高线设置于山腰或山脚，路面铺设碎石，两边设排水沟和防护林。

(3)小路 为贯穿小区内各行或梯田各台面的人行通道或小型机械行使路，宽2～3米，与主路或干路相通。平地栗园的小路沿垂直于树行的方向设置，山地栗园的小路沿等高线横向及上下坡纵向设置，但不能修筑在汇水线上，以免被冲毁。

3. 建筑物 板栗园内的建筑物，主要包括办公室、贮藏室、农具室、配药场和堆贮场等。平地大型栗园的办公室，设在适当位置，以便于对各小区监控管理。平地栗园的堆贮场和贮藏室，设在主路旁阴凉处；山地栗园堆贮场和贮藏室，宜设在较低处，配药场设在高处较为安全。

4. 排灌系统 灌溉系统由水源、蓄水池、灌溉渠和排水渠等组成。灌溉水源应在果园附近，其工程设施应经济简便。平地以河水、井水和库水为主；山地丘陵以水库、塘坝、山泉水和蓄水池为主。山地栗园的蓄水池，要修在小区地形较高的位置。每个小区应根据栽树多少设置若干个蓄水池，尽量利用自然落差，进行自流灌溉。如果是抽提水，则应在小区的制高点修建转水池，将抽提上来的水先暂时存贮在转水池，需要时再经管渠分配到各蓄水池。果园的输、配水系统由干渠和支渠组成。干渠走向要与小区长边一致，支渠则应与短边一致。栗园必须设置排水系统，平地栗园的排水系统可与灌溉系统共用或并排。山地、丘陵栗园的排水系统，由横向有坡降的等高沟与纵向的总排水沟组成。梯田或撩壕内侧的排水沟，既可排水也可蓄水，向外与自然沟和总排水沟相连。山地栗园总排水沟通常利用自然沟。

5. 防护林设置 防护林系统可以调节生态小气候、降低风速，减轻冻害与风害，防止水土流失，对保证板栗生长具有良好的防护效果。防护林可根据果园规模、地形、地势和主风向等因素进行规划。中大型的防护林网，由主林带和副林带组成。主林带要与当地风害方向垂直，可按200～400米间距设置。副林带间距一般为500～800米，风大的地方可缩减为300～500米。主林带幅宽一般为10～20米，副林带为6～10米。山地栗园地形复杂，防风林设置还要考虑水土保持等问题。主林带一般设置在山顶、山脊和风口处，与主害风方向垂直；副林带设置于道路、排灌渠旁边，与主林带垂直构成网状。防护林树种的选择，要求树体高大，生长迅速，枝繁叶茂，寿命长，抗逆性强，与板栗无共同病虫害，经济价值高的乡土树种。

(三)栗园标准化整地

绿色无公害板栗园建立之前，最好对果园土壤进行精心的整理，清除园内枯枝败叶、树桩残根等，通过对土壤深翻、晾晒、施入有机肥等，培肥地力。

1. 全园深翻 适用于平原、河滩地和坡度较小的地块。深翻前将有机肥、绿肥或切碎的秸秆，按所需数量均匀撒在地表，再用农机深翻50厘米。也可采用定植沟改土法，即按照规划好的行向挖出宽1米、深0.8米的壕沟，晾晒一段时间后，撒入有机肥后回填。定植前不能完成全园深翻时，可挖长、宽各1米、深0.8米的定植穴，待栗园建成后，逐年向外扩穴，最终达到全园深翻。在挖定植沟和定植穴时，要注意表土和心土分放。回填时先回填表土，再回填心土。

2. 梯田整地 为保持水土，增厚土层，方便管理，坡度角在30°以下的山地栗园，应修成梯田。一般坡度角在15°以下的山坡地建水平梯田，梯面较宽，梯壁不太高。但随着坡度的增大，梯面变窄，使修建难度和成本大大增加。在坡度角为5°～25°的山地，一般坡度角每增加5°，田面宽度就相应减少1米。修建的较为完善的梯田应该是：梯面宽3～4.5米，梯壁高不超过3米，梯面外高内低，内倾 5°～7°角，做到“外撅嘴，里流水”。梯田的里沟应修成竹节状，沟宽 30～40 厘米，深 30～40 厘米，沟内每隔 3～5 米设一道土埂，以便于缓解水势，蓄排兼顾。土地整完后，应照预先设计的行距开挖壕沟，沟深 50～80 厘米，宽 0.8～1 米，在沟内分层压埋绿肥，回填表土时，应混入有机肥。

3. 修筑撩壕　在坡面上按等高线挖成等高沟，将挖出的土堆在沟的外面，筑成土埂，称为撩壕。一般撩壕的规格范围较为灵活，沟宽 50～70 厘米，深 40 厘米左右，雨量多的地方，比降可大些。沟内每隔一定距离做一小坝，用于拦水。果树栽植在壕的外坡，行间宽敞，便于耕作和间作。幼树生长期间，根系临近沟边，树势旺盛。成龄树根系生长受撩宽的限制，只能向坡下延伸，树势趋弱。撩壕适于坡度角为 5°～15°时修建。坡度角过大时，撩壕堆土困难。此外，撩壕种植面小，不便施肥及其他管理措施的进行，因此，可作为临时的水土保持措施，使它逐渐向梯田发展。

4. 修筑鱼鳞坑　适应于坡度角 30°以上、地形破碎的宜林荒山。在山坡上挖近似半月形的坑穴，坑穴间呈“品”字形排列，一般坑宽(横)0.8～1.5 米，坑长(纵)0.6～1 米，坑深 20～40 厘米，坑距2～3 米。挖坑时，先把表土堆放在坑的上方，把生土堆放在坑的下方。按要求规格挖好坑后，再把熟土回填入坑内，在坑的下沿用生土围成高 20～25 厘米的半环状土埂，在坑的上方左右两角各斜开一道小沟，以便引蓄更多雨水。

(四)苗木定植

1. 栽植密度及时间　根据园地条件、管理水平和品种特性等情况，确定栽植密度。一般河滩、平原土层深厚，且具备灌溉条件，每 667 平方米可栽植 45～56 株，株行距为 3 米×4～5 米。丘陵山区土层瘠薄，板栗株行距以 2～3 米×3～4 米为宜。栽种短枝、矮化品种，如沂蒙短枝，每 667 平方米密度可达到 111～333 株。

如果进行计划密植，则应在建园栽植时设计好永久株（行）和临时株（行），间伐时按计划作一次或多次进行。

板栗栽植分为春、秋两个时期。春季栽植，在土壤解冻后至苗木萌动前进行。此期栽植管理期短，管护成本低，为通常采用的栽植时期；秋季栽植在落叶后封冻前进行。此期栽植根系恢复期长，成活率高，但管理期长，冬季管理不当易导致树体干枯。因此，在冬季严寒的地区不提倡秋季栽植。

2. 授粉品种配置 板栗雌花量少，自花结实率低，有必要配置授粉树。授粉树的配置，一是要确定主栽品种，二是要选好授粉品种。一般一个主栽品种应配置2～3个授粉品种，二者比例为8～10∶1，栽植间距不宜超过20米。当2～3个品种均为主栽品种时，可隔行配置，互为授粉树。

3. 栽植方法 栽植前先要修理苗木根系，剪去烂根、残根、干枯根和过长的根系。对烂根要剪到露白为止，以预防根部病害并刺激新根萌发。如果苗木轻微失水，可将根部在水中放置8～12小时，入穴前用生根粉蘸根。入穴时，要扶正苗木，填入熟土并踏实，然后将苗木缓缓上提，使根系舒展，最后再踏实，以保证根系与土壤接触紧密。栽植深度以根颈露出地面为宜，防止过深或过浅。做好树盘后浇水，待水渗下后，在根颈部培土或覆盖地膜保墒。

（五）栽后管理

1. 定干 嫁接苗栽后要及时定干，定干高度为50～60厘米。当年嫁接的苗木，当新梢长至30～50厘米时，摘心定干。

2. 除萌、解缚、摘心与立支柱 当年春季利用实生砧嫁接的苗木，要做好除萌蘖、解除嫁接塑料条、立支柱和摘心等各项工作。

3. 其他 做好土、肥、水及病虫害防治工作。

（六）低产园改造

1. 低产原因

(1)品种混杂　由于盲目引种，致使品种良莠不齐，植株分化大，质量、产量差异显著。另外，在部分产区仍存在相当数量的实生栗树，结果晚、产量低、品质差。

(2)树体老化，管理粗放　部分老栗园树龄较大，树体老化，加上长期失管，树势衰退严重，产量逐年下降；部分农民将管理栗园作为一种副业，管理粗放，修剪不当，甚至不修剪，造成树型紊乱，无效枝增多，结实能力降低。其突出问题是骨干枝多，外围大枝密挤，内膛空虚，细弱无效枝多，结果枝细弱，空苞率高。

(3)立地条件差　板栗多栽植在山地和丘陵地，这些地方土层瘠薄，有机质含量低，保水保肥能力差。在建园时没有整地，而直接将栗树栽植在山坡上，由于长期的雨水冲刷，造成水土流失严重，削弱了土层厚度，进一步加剧了有机质和肥水的流失。

(4)病虫为害　受财力、物力及地形等条件的影响，许多栗园没有进行常规的病虫害防治工作；情况好的，也只是在病虫害大量发生时采取应急补救措施，但效果较差。栗园的主要病虫害有栗疫病、金龟子、栗红蜘蛛、栗大蚜、栗透翅蛾和桃蛀螟等，如果防控不好，就不仅造成当年减产，还会影响翌年产量。栗园受红蜘蛛为害后，减产幅度能达到30%～50%，并使树势变弱，造成翌年减产。

2. 改造措施

(1)更换良种　对实生栗树和嫁接树中的劣质品种，应采取高接换种进行品种改良。采用多枝嫁接方法，嫁接的成活率高达91%以上。高接后栗树生长快，形成树冠和结果早。一般第一年春季高接，翌年即可开始结果。

(2)整形修剪　要合理修剪，改善树体结构，更新复壮树势。

对低产园要进行冬剪改造，使骨干枝数量适当，分布合理，结果枝组分布均匀，内膛通风透光，实现内外结果。具体做法是：选留大枝，如大枝过多，可适当去掉1～2个大枝；对树冠过高的可采取去强留弱的换头方法；对交叉枝、重叠枝、鸡爪枝和光腿枝等枝条回缩；对枯死枝、病虫枝、细弱枝进行疏剪，改善树体通风透光条件，刺激隐芽萌发新枝，促进抽生强技，培养丰产树型，实现立体结果。

(3)改良土壤，培肥地力　深翻与覆草，是对瘠薄旱地栗园改良土壤、培肥地力、提高保肥保水能力的有效技术措施。秋施基肥，在萌芽前、新梢速长期、果实迅速发育期适当追肥，并结合干旱期浇水，增产效果显著。

(4)病虫害防治　做好病虫害预测预报工作，及时防治病虫害，使被害果率低于5%。采用人工、物理、生物和药剂等综合防治措施，使之相互补充，相辅相成。进行绿色无公害板栗生产时，要注意对农药的选择。

思考题

1. 建园时应考虑哪些因素？
2. 结合当地实际情况，考虑建园前如何做好果园规划？
3. 如何定植苗木？栽后管理要点是什么？
4. 造成板栗低产的原因有哪些？

第六章　土肥水管理技术

一、专业知识

(一)环境条件对板栗生长发育的影响

1. 土壤类型　适合板栗栽植的土壤类型多样,但受多种因素的限制,目前我国板栗多栽植于河滩、山地和丘陵,这些区域的共同特点是土壤贫瘠,且容易受到旱灾和涝灾的影响。

(1)河滩沙地　河滩沙地土壤由沙粒组成,土壤有机质含量低,保水保肥能力差,漏水漏肥,养分难以固定,很容易流失。土壤温湿度变化快,夏季较其他土壤热得快,散热也快,昼夜温差大,果树根系生长发育受其影响。另外,沙地地下水位高,容易发生渍害,妨碍了果树根系的垂直生长。沙地栽培的果树,幼树期生长旺盛,进入盛果期早,但维持盛果期时间短,树势易过早衰老,因此有必要对其进行改良。沙土改良可通过采取抽沙换土、客土压沙、翻淤压沙、种植绿肥和防风固沙等措施,达到土壤结构合理、有机质含量丰富、土壤保水保肥能力强的标准。

(2)丘陵　丘陵海拔低于山地,坡面平缓,上下交通方便,较山地栗园便于管理,有利于机械化耕作。丘陵按海拔高度划分,可分为深丘(海拔 100～200 米)和浅丘(100 米以下)。深丘的土壤厚度及肥力与山麓和山顶相差悬殊,山麓土层肥厚,山顶瘠薄,有时可见裸露的岩石。在土壤冲刷程度较重的情况下,深丘水土保持比较费工,灌溉需使用高扬程抽水机。在深丘麓部建园,由于光照、土壤等局部生态因子差异较大,果品质量很难保持一致。浅丘坡度小,冲刷程度轻,上下土层厚度相差不大,肥力差异也较小,水土保持容易,便于耕作。由于浅丘坡度较缓,生态因子变化不大,果园小区划分相对容易,便于采用统一的管理措施,所产果品质量较均一,无甚大差别。因此,从适栽的角度讲,浅丘建园较深丘具有明显优势。

(3)山地　我国属多山国家,山地因此而成为果树生产最广大的基地。山地地形复杂,生态类型多样。山地海拔越高,生态变化越明显,从而导致在同一区域内产生不同的生产特征。山地的气候和土壤具有垂直分布的特征,气温会随着海拔的升高而逐渐降低,而降水量则会随之增加。由于气候垂直分布的特点,土壤、果树种类、其他植被等垂直分布带也随之形成。由于山地本身构造起伏不均,海拔、坡向、坡度及所受热量各有不同,因而山地的层性气候随着地形的变化而趋于复杂。山地的坡度影响土层的厚度,坡度越大,土层越薄。通常认为,5°～20°是发展果树的良好坡段。山地的坡向也影响果树生产。南坡光照充足,接受的热量多,果实着色好,风味佳。但南坡果树物候期较北坡早,易遭受霜害;冬季树干发生日烧多;同时,南坡水分蒸发量大,容易遭受干旱。北坡的保水保肥能力较强,但光照不如南坡,而坡度越大,这种差异越显著,对喜光果树生长发育的影响,尤其明显。板栗在光照每日不足 6 小时的区域栽植,表现枝条细弱,空棚率最高可达 90%以上。

2. 土壤质地　又称土壤机械组成。指不同粒径的土粒在土壤中所占的相对比例或重量百分数。质地对土壤肥力具有多方面影响,常常是决定土壤蓄水、导水、保肥、供肥、保温、导温和耕性的重要因素。最基本的土壤质地类型,主要有砂土类、黏土类和壤土类。

(1)砂土类　蓄水力弱,养分含量少,保肥力较差,土温变化较快,通气性和透水性良好,易于耕作。施肥后肥效快,但不持久。如管理不当,易造成果树过早衰弱。河滩与海涂的土壤多属此类型。

(2)黏土类　保水力和保肥力较强,养分含量较丰富,地温较稳定,但通气、透水性差,易涝不易旱,降水多时易产生地表径流。春季地表气温回升慢,对果树生长不利;土壤黏重,耕作比较困难。

(3)壤土类　质地介于黏质土和沙质土之间,兼具两者优点,水、肥、气、热均较协调。它既有一定数量的大孔隙,又有相当多的毛管孔隙,故通气透水性良好,又有一定的保水保肥能力。土壤含水量适宜,土温比较稳定,黏性不大,耕性较好,主要种植各种作物。如栽植栗树,适宜栗粮间作。

3. 酸碱度　土壤酸碱度又称“土壤反应”。它是土壤溶液的酸碱反应,主要取决于土壤溶液中氢离子的浓度,以 pH 表示。我国西北、北方地区很多土壤 pH 值偏大,南方地区红壤 pH 值偏小。土壤酸碱度对土壤肥力及植物生长影响很大。板栗适生的土壤 pH 范围为4.6～7.5,最适 pH 5.5～6.5,pH 超过 7.5 则生长不良。其原因是高 pH 限制了板栗根系对土壤中锰元素的吸收。酸碱度还会影响土壤中微生物的活动,在酸性环境中,真菌能增加板栗菌根对磷元素的吸收,并能提高植株的抗旱能力。

4. 有机质　土壤有机质是土壤重要的组成部分。广义的土壤有机质,包括一切生物体及其分解或合成的各种产物。有机质是土壤养分的主要来源,可以促进土壤结构形成,改善土壤物理性质,提高土壤的保肥能力和缓冲性能。其中的腐殖质具有生理活性,能促进果树生长发育,提高果实品质,并有助于消除土壤的污染。由于土壤原因及耕作不当,山地、丘陵和沙地等板栗栽植区,土壤有机质含量普遍偏低,有的甚至不到 0.5%,在很大程度上影响了板栗的产量和品质。生产上可通过增施有机粪肥、秸秆还田、种植绿肥,粮肥轮作或间作、以地养地相结合等农业措施,及时补偿土壤中消耗的有机质,逐渐增加有机质的含量。

(二)板栗的需肥规律及施肥依据

栗树对各种营养元素的吸收,在时间和数量上存在较大差异。如对氮素的吸收,从萌芽前开始,随着温度上升,吸收量逐渐增加,直到9月下旬,吸收还在上升,在整个生长期,以新梢停长后至果实膨大期吸收最多。磷素在开花前几乎没有吸收,开花后至9月下旬吸收量稳定,10月份以后,又几乎停止吸收。对钾素在开花前吸收很少,开花后迅速增加,果实膨大期吸收最多,10月份以后又急剧减少。要做到科学合理施肥,应以如下几个方面为依据。

1. 需肥特点 板栗在不同物候期表现出不同的需肥特点。在萌芽期和新梢速生期,偏重对氮素的吸收,因为氮素参与了蛋白质、叶绿素和酶类等物质的合成,能够促进营养生长;开花期至采收前,逐渐由营养生长转向生殖生长,此阶段加大了对磷、钾等元素的吸收量。板栗在花芽分化、授粉受精和果实膨大期,碳水化合物的合成等都需要硼素参与。因此,要保证树体在萌芽期、开花期和果实迅速膨大期能够摄入足够的硼素。

2. 土壤性质 为了充分发挥肥料的作用,应根据土壤的性质,选择肥料的种类,确定肥料的用量、施肥时期和施肥方法。一般对于质地黏重,保肥能力强的土壤,施肥量可多可少;对砂壤土,因其质地疏松,保肥性差,故施肥应少量多次。土壤的酸碱性直接影响板栗对养分的转化与吸收,如磷以pH 6～7.5有效性高,大于7.5时易与土壤中的钙结合成为溶解度低的磷酸钙,小于6时磷又容易与土壤中的铁、铝结合,成为难溶的磷酸铁与磷酸铝。土壤中的微量营养元素铁、锰、锌与铜,均以pH＜6.5的弱酸性、酸性条件下有效性高。只有钼素相反,在pH＞7的弱碱性至碱性条件下有效性高。而硼的有效范围较宽。

3. 气象条件 光照、温度、风及降水等条件,一方面直接影响根系的生长及其对养分的吸收,另一方面还影响土壤中养分的状况,从而进一步影响施肥的效果。高温多雨季节,板栗生长迅速,对养分的需求量大,应控制氮肥的施用量,以免造成徒长;温度高、光照强、风力大,则不利于根外追肥。

4. 肥料性质 化肥种类繁多,性质各异,施用方法也不尽相同。如硝态氮肥易溶于水,不易被土粒吸附,降水过多时易被淋洗到土壤深层,或随地表径流而流失,造成养分损失和水质污染。铵态氮肥易溶于水,可直接被植株根系吸收利用,肥效快,但遇热易分解挥发,因而施用时应深施并立即覆土。尿素施入土壤后,经微生物作用,发生水解、转化后,才能被吸收,所以尿素作追肥要提前施用,并且要采取条施、穴施和沟施,避免撒施。弱酸性磷肥宜施于酸性土壤。硫酸钾、氯化钾、氯化铵和硫酸铵等化学中性、生理酸性肥料,适合在中性土壤上施用。

5. 农业技术措施 农业技术措施与施肥密切相关。耕作可以改善土壤的理化性状和微生物活动,促进土壤养分的分解,调节土壤养分的供应状况,增强根系的伸展和对养分的吸收能力。良好的灌溉条件可以大大提高肥效,充分发挥肥料的增产效果。

(三)板栗的需水规律及栗园浇水与排水

1. 板栗需水规律 板栗多栽植在土壤瘠薄,保水能力差的山地、丘陵和河滩,受传统思想的影响,过去多数栗园不进行灌溉,导致树体弱,产量低而不稳。研究表明,板栗对水分要求比较敏感,土壤含水量过多或过少,都会对树体正常的生理活动产生不利影响。土壤含水量为28.6%时,板栗形态基本无变化;土壤含水量降到18.7%时,植株进入中度胁迫,叶片颜色发黄,叶缘出现黄褐色;当土壤含水量降到8.6%时,植株进入重度胁迫,叶片萎蔫并逐渐干枯。4~6月份为板栗展叶、新梢快速生长期和幼果发育期,北方地区正值春旱,此时缺水会影响板栗新梢的生长、雌花的形成及幼果的生长;7~8月份为雨季,但降水不均匀,也会在局部产区产生干旱。8月下旬至9月份，板栗干物质迅速积累，此时缺水坚果单粒重明显降低，造成减产。因此，在生长季内，干旱时要及时补充水分，在生长关键期更要加强水分管理，否则将会造成无法挽回的损失。在板栗生产中，涝灾没有旱灾发生频繁。但在长江中下游及南方部分产区，由于降雨集中或强降雨，也会发生积涝。此时应及时排涝，防止根部长时间浸泡而沤根死亡。

2. 栗园灌水与排水

(1)灌水　适时灌水，应在栗树缺水前进行。灌水延迟，会对树体的生长造成不可弥补的损失。以下是确定灌水的依据。

①根据土壤含水量确定灌水：以土壤含水量的测定为依据，是较为可靠的方法。当土壤含水量低于30%时，就需要灌水。生产中可用目测和手测的方法，大体判断土壤的含水量。以砂壤土为例，用手握紧土团，松开时如土团不破碎，则不需要灌水；如土团松散，则应实施灌水。

②根据栗树的物候期确定灌水：灌水可在几个关键时期进行，即萌芽前后、开花前后、果实迅速膨大期和土壤封冻前。

(2)排水　土壤排水不良，会对栗树根部造成危害。第一，抑制根部的有氧呼吸，被迫转为无氧呼吸。其结果是消耗大量树体营养，使营养中心由果实向根部转移；无氧呼吸产生的乙醇等物质对根产生毒害，致使养分和水分的吸收受阻，树体产生“饥饿”，根上部的正常生理活动受到影响。第二，使土壤中好气性微生物活动受到抑制，从而降低土壤肥力。因此，土壤一旦积水，就应及时排出。

我国幅员辽阔，南北降水差异很大，而雨量集中的时期又各不相同，因此排水的情况各异。南方地区降雨多集中在梅雨季节，北方地区降雨多集中在7～9月份。各地要根据以往经验，并结合实际情况，提早做好主汛期的排水安排。

二、操作技能

(一)土壤管理

1. 深翻改土

(1)深翻的作用　深翻可改变土壤结构和理化性质,增加土壤孔隙度,改善土壤的通透条件,提高保水、保肥能力。由于孔隙度的增加,土壤中空气和水分状况得到改善,进而促进土壤中微生物数量的增加,加速有机物的分解,提高土壤肥力,促进根系的生长。

(2)深翻的时期　应根据栗树根系生长物候期的变化,结合果园具体情况,采取相应的措施,适时、适地进行土壤深翻,才能收到较好效果。

①春季深翻:应在解冻后及时进行,此时地上部尚处于休眠状态,根系刚开始活动,生长缓慢,伤根后容易愈合与再生。但在冬季少雪、春季干旱的地区,深翻后土壤水分蒸发量大,伤根后愈合困难,影响新梢生长和花芽分化,因此深翻后要保证及时灌水。

②夏季深翻:应在雨季到来之前,配合追肥同时进行。深翻后,降雨可使土粒与根系密接,根系能够迅速恢复生长。深翻时切勿伤及0.5毫米以上大根,伤根过多会影响根系吸收营养,容易造成落果。

③秋季深翻:在果实采收后结合秋施基肥进行。此时深翻正值根系秋季生长高峰,伤口愈合容易,根系恢复较快,并有利于翌年春季栗树的生长发育。

(3)深翻方法

①扩穴:即从树冠外围根少或没有根的地方向冠内刨土,刨到细根较多的地方为止。新扩穴与栽植穴要刨通,不能留隔层。扩穴深度为60～80厘米,回填时要施入有机肥与复混肥等。扩穴可在原有基础上逐年扩大,直到全园翻完为止。

②隔行或隔株深翻：即隔2行翻一行或隔两株翻一株，2～3年后再翻另一侧。这样深翻，只伤一侧根系，对树体生长无大损伤。山地和平地深翻方式有所差异，等高撩壕的坡地栗园和内高外低的栗园，第一次先在下半行给以较浅的深翻施肥，下一次在上半行深翻，把土压在下半行上，配以施肥。平地栗园可随机隔行进行，分两次翻完。

③全园深翻：将栽植穴以外的土壤一次深翻完毕。这种方法劳动量大，但翻后便于平整土地，有利于栗园耕作。

④爆破松土：建在山地、丘陵上的栗园，由于土层瘠薄，无法深翻，可进行爆破松土。爆破一般安排在休眠季进行。炮眼位于树冠外缘的株间，成“品”字形排列。爆破后要清除石块，填入优质土。

以上几种深翻方法，应根据栗园的具体情况灵活运用。幼树根量较少，适合全园深翻。成年树根系已布满全园，以隔行、隔株深翻为宜。深翻最好结合施肥进行，墒情差时深翻后应及时灌水。

2. 中耕除草　中耕除草可减少土壤水分蒸发，疏松土壤，防止土壤板结和杂草丛生。中耕和除草是两项措施，但往往相辅进行。民间素有“春刨根，夏刨花，秋刨栗子把个儿发”的说法，可见中耕除草的意义。

栗园的中耕除草每年需进行3～4次。第一次在萌芽前10天左右；第二次在5月底6月初，雌花出现前；第三次在采收前半个月，在灌水以后进行。中耕的深度为5～8厘米，过深易伤根，过浅起不到应有的效果。

3. 生草栽培制　在果树行间种植牧草、豆科等作物，称为生草制。在国外，生草制应用较为普遍，日本已经在栗园应用推广。果园生草可减少水土流失，刈割后残留在土壤中的根叶，腐烂后能增加土壤有机质，改善土壤理化性质，提高土壤肥力。应用生草制的果园不用耕作，土壤管理简单。

根据土壤条件，生草方式可分为全园生草和部分生草。土质肥沃、土层深厚和灌溉方便的栗园，如沙滩地，可采用全园生草。土层瘠薄，易干旱且缺少灌溉条件的园地，如丘陵、山地栗园，为减少水分和养分的竞争，可采用部分生草。草种以豆科植物为主，如三叶草、黄豆、毛野豌豆、山绿豆和山扁豆等。

为解决栗树与草争夺水分和养分的矛盾，应通过调节刈割周期加以控制。当生草长至 50 厘米左右时，将其割除，覆于地面，并在其上加盖一层薄土，有利于腐烂分解。每年如此进行 2～3 次。栗园不能永久性生草，2～4 年后一定要翻草灭青。当出现有害草种，并且出现草害时，须及时翻耕重播。

4. 浅耕—覆盖作物制　在果树需水较多的生长季前期保持浅耕状态，后期或雨季种植覆盖作物，待作物长成后，适时翻入土中作绿肥，使其迅速腐烂，增加土壤有机质。这种方法兼有清耕和生草的优点，同时又减轻了两者的缺点。如清耕可熟化土壤，保水保肥，供给栗树生长需要，具有清耕法管理土壤的特点；后期播种间作物，可吸收土壤中过多的水肥，利于果实成熟，提高品质，并可防止水土流失，增加土壤肥力，具有生草法的某些优点。

覆盖作物除具备间作物条件外，还应生长周期短，前期生长慢，后期生长快，产量高，翻入地下后易腐烂分解，对栽培条件无特殊要求，并且耐阴等。

5. 覆盖制　根据覆盖物的不同，覆盖制可分为覆草和覆膜。覆草可减少水土流失，抑制杂草，降低水分蒸发，增加有效养分和有机质含量，改善土壤理化性状，促进团粒结构的形成，山地和平地栗园均可采用。覆盖材料可因地制宜地选择，麦秸、树叶和杂草等均可选用。覆盖前，先将材料粉碎成 5～10 厘米大小，然后覆于树冠下或行间。覆草在雨季到来之前进行，覆盖厚度为 10 厘米左右。覆后会逐年腐烂减少，故要不断补充新草。

覆草也有缺点。如易引发火灾，加重某些病虫害的发生，引起根系上浮，春季地温回升缓慢，雨季低洼处易产生涝害，干旱时易引发火灾等。在推广过程中，应加强病虫害防治，改进覆盖技术，用草要尽量细碎，以加快腐烂速度。对于低洼栗园，应缩小覆盖面积，提前挖好排水沟，确保雨季及时排水。

另外，在土壤瘠薄，春季干旱频繁，又无草源的地区，可实行地膜覆盖。覆膜具有提高地温，保持水土养分，抑制杂草等优点。覆膜可有效防止水分蒸发，节省土壤水分，节约灌溉水 30%，提高表层土温 2℃～10℃。覆膜栗园 0～20 厘米深土层内的含水量，比不覆膜的高出 3%～6%，而且土壤疏松，呈松软状态。覆盖地膜宜早，一般在浇足萌芽水后进行。覆膜时，要使地膜紧贴地面，用土盖严四周。

6. 间作制 为充分利用土地资源，最大限度地增加收益，可在果树的幼树期行间或株距较大的地方间作农作物。间作物应具备下述特点：生长期短，大量吸收水分和养分的时间与栗树错开；能提高土壤肥力，不加重栗树病虫害；植株矮小，不影响树体光照条件；作物本身具有一定的经济价值。常用的间作物，有花生、大豆、绿豆和甘薯等。

种植间作物，应与栗树保持一定的距离，通常以树冠外围为限。幼树根系欠发达，与间作物争夺水分、养分的能力差，因此距离应稍远。间作面积随着树体的成长要逐年减少，树冠交接前，要终止间作。同一种作物，在同一区域种植多年，会出现多种害处，如营养元素缺乏、病虫害加重，重茬障碍等。为避免此类现象的发生，应对间作物实行轮作制度。

7. 免耕制 又称最少耕作法。主要利用除草剂防除杂草，对栗园土壤不进行耕作。免耕果园无杂草，可减少水分消耗，使土壤结构保持自然状态。土壤实行免耕后，土壤容重、孔隙度、有机质、酸碱度、土壤承压强度以及根系分布，都发生显著变化。如土壤中有机质含量比清耕土壤多，较生草土壤少。但免耕法也有其突出缺点。由于对除草剂的依赖性强，在进行绿色无公害生产时，会受到一定限制，如进行AA级绿色生产时，禁止使用一切有机合成的除草剂。

8. 水土保持　山地、丘陵栗园地形复杂，水土流失原因很多，须因地制宜地进行综合治理，才能有效地保持水土。

(1)改造地形

①梯田：梯田高度、梯田面宽度和梯田壁陡度，都与水土保持效果有关。梯田低，管理方便，投资少。梯田高度与梯田面宽度成正比，梯田越高，梯田面越宽。当梯壁为土质时，梯田高度适当降低，有利于减少雨水冲刷。梯田壁的坡度影响水流速度，坡度越缓和，水流速度越慢，对梯壁的冲刷程度越小。

②撩壕：按等高线挖成等高沟，把挖出的土放在沟外侧堆成土埂，这就是撩壕。再在壕的外侧栽植果树，这就叫撩壕栽植。这种栽植方式，也是山地果园水土保持的有效措施之一。撩壕可分为通壕与小坝壕两种。一是通壕。通壕的沟底呈水平状，因而壕内有水时，能均匀分布在沟内，水流速度缓慢，有利于水土保持。二是小坝壕。其形式基本与通壕相似。不同点是沟底有0.3%～0.5%的比降。在沟中每隔一定距离做一小坝，用以挡水和减低水的流速，故名小坝壕。此种方式较通壕优越。水少时，完全可以将水保持在沟内；水多时，则溢出小坝，朝低处缓慢流去。

③鱼鳞坑：这是山地果园采用的一种简易的水土保持工程，也可以起到一定程度的水土保持作用。修筑鱼鳞坑时，坑面向内倾斜，沿坑的外面要修筑一条土埂，但不宜将树栽在土埂上，以防降大雨时，顺树干流下来的雨水把土埂冲塌。坑面土壤要保持疏松，以利保蓄雨水。当降水量超过鱼鳞坑容量时，则需要在鱼鳞坑外侧修筑排水沟，以免被雨水冲垮。

(2)种植植被　山地植被可有效养水护坡，山地上坡可种植水源涵养林，如油松和刺槐等；栗园的坡面种植草本植物或养护自然野草，同时保护好荆条、沙棘等野生灌木，做好山林防火工作等。

(二)施肥管理

1. 施肥时期 根据树体生长发育对肥量的需求规律，可确定板栗的施肥时期。板栗的施肥时期主要有萌芽期、开花前后、果实迅速膨大期和落叶期。萌芽前后正值雌花簇原基分化期，此时施入氮肥，可促进雌花发育和新梢生长；开花前后施入氮、磷、钾肥，有助于坐果和幼果发育；果实迅速膨大期，以施用钾肥为主，配合施入氮、磷肥，可有效促进果实后期的发育。

2. 施肥种类及选择 板栗生长发育需要的矿质元素，包括氮(N)、磷(P)、钾(K)等大量元素，以及硼(B)、锰(Mn)、钙(Ca)、锌(Zn)、铁(Fe)、铜(Cu)、镁(Mg)和钼(Mo)等微量元素。生产中使用的肥料，主要有有机肥料和化学肥料。

(1)有机肥种类 有机肥料种类多，来源广，有机质含量高，养分全面均衡，肥效持久稳定。施用有机肥，可有效降低生产成本，减少能源消耗，提高土壤肥力，改善土壤环境，增强树体的抗病虫能力，提高栗实的产量和质量。目前，应用较多的有机肥主要有以下几种：

①厩肥：人粪尿、家畜粪尿、禽粪和桑沙等。

②堆沤肥：堆肥、沤肥和还田粉碎秸秆等。

③饼肥：各种饼肥和糟渣肥等。

④绿肥：夏季绿肥、秋季绿肥、多年生绿肥和野生绿肥等。

⑤土杂肥：炕土、熏土、草木灰、烟道灰和塘肥等。

⑥其他：沼气肥和生物肥料，如菌肥等。

(2)化学肥料种类 化学肥料的种类很多，常用的有尿素、硫酸铵、磷酸二铵、磷酸二氢钾、硫酸钾、过磷酸钙、硼砂、钼酸铵、硫酸锰和硫酸亚铁等。板栗对氮、磷、钾的吸收量最大，因此，生产中以施入氮、磷、钾肥为主。施入微量元素肥料（简称微肥），如硼肥和稀土微肥等，可促进坐果，减少空棚，提高坚果的产量和品质。

3. 施肥量的确定　栗树的施肥数量，应根据树势、产量、栽植密度、土壤条件及品种特性等而定。由于影响施肥量的因素太多，因此，很难确定固定的施肥量。一般认为，栗树属深根性果树，根系发达，吸收面积大，吸收量多。20 年生的成年树，按产量和吸收量折合每 667 平方米施用氮、磷、钾的比例为 14∶8∶11。根据山东省、河北省部分丰产栗园的试验统计，每产 100 千克栗实，氮、磷、钾的用量比例为 6.3∶5.1∶5.3，其中 60%以上应为有机肥。但由于产区间甚至同一区域的不同地块间，影响施肥量的因子存在差异，施肥量也相差很大。因此，各地应在综合、客观、准确评价本产区影响施肥量因子的基础上，结合生产实践中树体生长结果反应，不断加以调整，合理制定施肥计划，实现肥料的经济、高效利用。

4. 施肥方法　根据施肥时期、施入部位和肥料种类等，板栗施肥方法可分为土壤施肥和根外追肥。土壤施肥必须符合栗树根系分布特点，将肥料施在根系的分布层内，以便于根系吸收，最大限度地发挥肥料效力。根外追肥操作简单，用肥量少，见效快，不受养分分配中心的限制，可及时满足栗树的急需。土壤施肥又可分为基肥和追肥。

(1)基肥　以土杂肥、厩肥和绿肥等为主，施入时期一般在秋季落叶后至上冻前。按生产 1 千克栗实需要有机肥 10 千克计算，高产栗园每 667 平方米施用有机肥的量为 4 000～6 000 千克。施用的方法分为以下几种。

①环状施肥：又称轮状施肥，在树冠外围挖宽 40 厘米，深40～50 厘米的环状沟，或挖半圆形环状沟。此法操作简单，用肥经济，但施肥范围较小，一般用于幼树。

②放射沟施肥：以树干为中心，在距树干 1～1.5 米的地方，向外至冠缘外 1 米内开挖放射状沟，沟宽 30 厘米左右，深 20～40 厘

米,数量为5～7条,将肥料与土壤混匀后再行回填。此法比环状沟施肥少伤大根,可隔年隔次更换放射沟位置,逐渐扩大施肥面。

③条沟施肥:在栗园的行间、株间开挖条状沟,沟的位置在树冠边缘,宽30～50厘米,深30～40厘米。为防止伤根太多,最好隔年或隔行开挖施肥条沟。

④穴状施肥:在树冠外围附近开挖深30～40厘米、直径为40～50厘米的穴若干个,将肥料施入穴中。此法可用于干旱缺水的山岭薄地。也可与穴蓄肥水结合利用,即穴底铺草,草上施肥,然后用地膜或石块封住穴口,以后可随时向穴中施入肥水。

⑤全园施肥:多用于成龄大树或密植园。进行时,将肥料均匀撒布园内,再结合其他管理翻入土中。此法由于施肥浅,常导致根系上翻,会降低根系的抗逆性。如将其与放射沟施肥隔年更换进行,可互补不足,充分发挥肥料的效用。

(2)追肥 一般为速效性肥料,在栗树急需稍前施入。在绿色无公害生产时,针对夏季不宜多施肥料的特点,根外追肥显得格外重要。根据栗树生长季的需肥特点,各时期追肥特点如下。

①萌芽期:在萌芽前后进行,以氮肥为主,配合施入磷、钾肥和硼肥。初果期树每株施入尿素0.15～0.25千克,盛果期树每株施入尿素1～1.5千克,促进新梢生长和雌花发育。另外,每667平方米应施入1千克硼肥,以促进花芽分化和授粉受精。

②开花前后:以速效复合肥为主,施入量为幼果期树每株0.5～1.5千克,盛果期树每株1.5～2.5千克。

③果实迅速膨大期:于7月底至8月中下旬进行。追施以钾肥为主的速效复合肥,每株施入磷酸二氢钾0.2～0.3千克,过磷酸钙0.1～0.2千克,尿素0.2～0.5千克。

(3)根外追肥 又称叶面喷肥,可有效补充板栗生长发育关键时期对肥料的需要。根外追肥的次数、施肥种类和施肥用量,依果园的实际情况而定。常规管理果园,一年可喷肥3次。

第一次在展叶期，即枝条基部叶片刚刚展开，叶片由黄转绿时。此时喷0.2%～0.3%尿素液+0.1%硼砂液每5天施一次，连续喷两次，可促进基叶功能，提高光合效率，促进雌花形成。

第二次在开花前后进行，喷0.1%～0.2%硼砂液+0.2%磷酸二氢钾液，每7天一次，连续三次，可提高坐果率，促进幼果发育，减少空棚。

第三次在果实迅速膨大期进行，喷0.3%尿素液+0.3磷酸二氢钾液+0.1%硫酸锰液，促进干物质的合成和转化，增加单粒重，提高坚果品质。如进行绿色无公害生产，在采前20天禁止喷施。

第四次在采收后进行，喷0.3%尿素液或0.2%钼酸铵液，可延缓叶片衰老，促进营养物质回流，有利于提高树体贮藏营养量和促进雌花的分化。

板栗根外追肥宜在阴天或晴天上午10时之前，或16时之后进行，此时气温低，空气湿润，肥液蒸发慢，有利于叶片的吸收。板栗叶片背面气孔较正面密度大，喷布时要以叶背面为重点，做到均匀喷布。

5. 营养诊断　果树的营养诊断，是了解果树树体内营养水平以及土壤肥力，矿物营养盈亏状况的方法，为施肥提供依据。目前，一般采用的较科学的营养诊断方法，为土壤诊断和叶片分析两种。

(1)土壤诊断　土壤诊断是从田间采集土壤样品，带回实验室作土壤分析，测定土壤的性质、酸碱度、可溶性盐含量以及速效性养分含量等，根据土壤分析资料及植株的负载量，来进行施肥。这种方法数据可靠，但工作量大，同时由于土壤中养分供给能力与雨量、土温、土壤微生物及管理水平有关，故土壤养分含量高并不等于利用率就高。所以，土壤分析一般只能作为树体营养诊断的辅助手段。

(2)叶片分析　又称植物组织分析，是近几十年来发展起来的一种先进的诊断技术，能准确反映出树体的营养水平和矿质元素的不足或过剩，并能在症状出现前及早发现。根据叶片分析的营养含量，对照此品种最适的营养指标，制定施肥标准。这种诊断技术在美国、日本等国家已普遍应用，有效避免了因树体营养失调而产生的果树低产与劣质现象。

目前，国内对板栗的营养诊断，主要是通过观察外部形态的某些异常特征，来判断树体内某些营养元素的不足或过剩。如板栗缺氮时，叶面积小，叶片变黄，新梢生长量小，树势弱；缺硼时，生长点坏死、侧芽萌发，形成丛枝状，授粉受精不良导致胚败育或发育停滞，形成有棚无实的空苞；缺锰时，幼叶叶脉深绿色，呈网纹状，叶脉之间为黄绿色或淡黄色，出现坏死斑块，脱落成穿孔状。但植株因营养失调所表现出来的外部形态特征，往往不是都具有特异性；同一类型的症状，可能由几种不同的元素失调所引起；缺乏同种元素，在不同植株上表现的症状也存在较大的差异。因此，利用外部形态观测的方法有时并不十分可靠，不应作为营养诊断的主要手段。

6. 配方施肥 是综合运用现代农业科技成果，根据作物需肥规律、土壤供肥性能与肥料效应，在以施用有机肥为基础的条件下，通过分析树体试验和土壤的营养状况，提出氮、磷、钾和微肥等元素适宜的用量和比例，以及相应的施肥技术。

(1)配方施肥的作用

①减肥增产：通过对各种肥料的合理调配，减少单一肥料的施用量，既经济实惠，又能有效提高产量。

②改善品质：长期单一施用某种肥料，果树易发生缺素症或某种元素过量，降低对病虫害的抗性。进行配方施肥，可平衡供肥，能够调节土壤中的养分状况，提高树体抗性，改善果实品质。

③培肥地力：合理的配方施肥，可消除某种养分不足的状态而培肥地力。同时，土壤中化肥残留量还不会太多，避免了土壤板结和污染现象。

(2)配方施肥的方法

①地力分区(级)配方法:这是利用土壤普查、耕地地力调查和当地田间试验资料,把土壤按肥力高低分成若干等级,或划出一个肥力均等的田片,作为一个配方区,最后制定出相应的施肥方案。这一方法的优点是较为简便,提出的肥料用量和措施接近当地的经验,方法简单,群众容易接受。其缺点是局限性较大,每种配方只适应于生产水平差异较小的地区。生产绿色食品的土壤肥力要求为表 9 所示。

表 9　生产绿色食品对土壤肥力的要求

(NY/T391—2000)

质　地	单　位	不同肥力等级要求		
		轻　壤	砂壤土、中壤	沙土、黏土
有机质	克/千克	＞20	15～20	＜15
全　氮	克/千克	＞1.0	0.8～1.0	＜0.8
有效磷	毫克/千克	＞10	5～10	＜5
有效钾	毫克/千克	＞100	50～100	＜50
阳离子交换量	厘摩尔/千克	＞15	15～20	＜15

②目标产量配方法:这是根据经济产量的构成,按照由土壤本身和施入的肥料两个方面供给养分的原理,来计算肥料的用量。先确定目标产量,以及为达到目标产量所需要的养分数量,再计算去除土壤所能供给的养分外,需要补充的养分数量,最后确定需要施用多少肥料。

③田间试验法:这是通过简单的单一对比,或应用较复杂的正交、回归等试验设计,进行多点田间试验,从而选出最优处理,确定肥料施用量。

(3)复混肥配方的确定　复混肥的配制,既要考虑板栗对各种营养成分的需求规律,又要考虑不同土壤状况对各种营养元素的供给能力，做到配方灵活，针对性强。目前，市场上售有各种配方的复混肥，有效成分主要为氮、磷、钾，同时添加其他微量元素。其各成分的含量在包装袋上加以说明，购买时可根据成分含量灵活选择。除购买商品复混肥外，也可自行配制，主成分及比例为：N：P_2O_5：K_2O：B：$MnSO_4 \cdot 7H_2O$：腐殖酸＝12.5：5：7.5：1：1：10。

7. 把好安全施肥关 安全施肥包括两层含义：第一，确保板栗生长发育安全；第二，确保消费者食用坚果安全。生产中，不安全问题主要由营养元素过量和施用肥料种类不当等所引起。

(1)营养元素过量

①氮素过量：长期偏施尿素和硫酸铵等所致，在土壤中过量积累，致使坐果率低，枝条生长旺盛，组织不充实，冬季易产生冻害。

②硼素过量：在没有确切掌握树体需硼量的情况下，盲目施入过量硼肥，导致叶片焦枯，表现中毒症状。

(2)肥料种类问题

①硝态氮：硝态氮易溶于水，受到雨水冲刷后容易造成地表水污染。另外，含有硝态氮的果品食用后，可能诱发癌症，生产A级绿色食品时禁止施用硝态氮。

②城镇垃圾：其中的杂物、粒度、蛔虫卵、大肠菌值、总镉、总汞、总铅、总铬、总砷等物质含量应符合国家规定的标准。

③农家肥：用于生产绿色食品的农家肥料，无论采用何种原料(包括人畜禽粪尿、秸秆、杂草、泥炭等)制作堆肥，必须经过高温发酵，以杀死各种寄生虫卵、病原菌和杂草种子，使之达到无害化卫生标准。

(三)水分管理

1. 灌水方式

(1)漫灌 在水源充足，靠近河流、水库、塘坝和机井的果园，可在园边或树行间开挖明沟，将水引入果园进行漫灌。漫灌用水量大，灌溉后湿润程度不均，土壤易板结，加剧土壤中水、气矛盾。在低洼栗园，还有提高地下水位，使土壤泛碱的弊病，现在多不提倡应用。

(2)分区灌溉(水池灌溉、格田灌溉)　将果园划分为许多方形小区，做成纵横土埂，将各区分开。通常每一棵树单独成为一个小区。此法缺点突出，表现为破坏土壤结构，使土壤表面板结，平整时费时费力，妨碍机械化耕作。

(3)沟灌　在果树行间开沟，沟深20～40厘米，把水引入沟中。灌溉沟与配水沟之间有微小比降，便于水流畅通。沟的数目视栽植密度和土壤类型而定。密植园每一行开一条沟。稀植园如土壤黏重，可在行间每隔100～150厘米开沟；如为疏松土壤则每隔75～100厘米开沟。灌溉完毕后，将沟填平。沟灌的优点是节约用水，土壤湿润均匀，水分蒸发量和流失量均较少；对土壤结构的破坏性小，土壤透气性好，有利于土壤微生物的活动；减少果园中平整土地的工作量，便于机械化耕作。因此，沟灌是地面灌溉较为合理的方法。

(4)畦灌　也称盘灌。是以树盘或树行为中心，做树盘或围堰，灌溉时将水引入树盘或围堰内。灌溉前，将树冠投影内的土壤耙松，以便于水向下渗入；灌溉后疏松表土，或用草覆盖树盘，防止水土流失。畦灌用水量少，比较好管理，但浸润土壤的面积较小，一般成龄栗树的根系通常是其冠幅的1.5倍。因此，距离树冠较远的根系不能得到水分供应。此外，此法仍会使土壤板结。但是，此法在山地和丘陵地应用最为普遍。

(5)穴灌　在树冠投影外围挖穴，将水灌入穴中，以满为度。此法适用于山地、丘陵等容易干旱的地区。穴的数量依树冠大小而定，一般每个树冠范围内为8～12个，直径为25～30厘米，深20～30厘米，以不损伤深根为准。待水渗后埋土保墒。若在穴上覆盖地膜或杂草，则保墒效果更好。

2. 设施建设

(1)蓄水与引水设施　在山地、丘陵地区栗园排灌系统的规划中，应选择溪流不断的山谷或三面环山的凹地，修建小型水库。适宜修建水库的地方，谷口要窄，库内要平整、宽广，葫芦形最佳，堤坝修在葫芦口。其次，水源要丰富，谷口能富集积蓄所需的水量。另外，库址的高度应在栗园之上，以便于自行灌溉。无法利用水库水进行灌溉的栗园，可在栗园的小区顶部修建蓄水池。蓄水池大小根据地形灵活设置，一般深1～2米，直径为1～1.2米。蓄水池宜建在地表径流汇集处，以便于收集降水。灌溉时，应尽量利用自然落差，进行自流灌溉。

建在河边、塘边的栗园，当园地低于水面时，可采用自流式灌溉；园面高于河面时，可借助抽水机等抽水灌溉。如果栗园附近没有丰富水源，则可在园中打井，利用地下水灌溉。

(2)水渠建造　果园的输配水及灌溉，由干渠、支渠和灌溉渠共同完成。干渠和支渠负责调水，上游与水源相通，下游与灌溉渠相通。设计时，一是位置要高。位置越高，控制的灌溉面积越大。二是输水渠道要短，以节省建造成本和减少水分流失。三是要结合小区的形状、方向及道路系统，进行设置。四是要控制水流速度，减少渗透量。

灌溉渠连接干渠或支渠，将水分配到果园小区的输水沟。山地栗园和平地栗园的输水渠不同，它是结合水土保持系统，沿等高线修筑的明沟，在梯田或撩壕栗园地中，可排灌兼用。在平地栗园，如进行沟灌，可直接利用灌溉渠而不需另行开沟。

3. 灌水时期及灌水量

(1)灌水时期

①萌芽前：此期北方地区正值春旱，灌水可促进新梢生长，提高雌花发育质量。

②开花期：花期干旱将严重影响授粉受精效果，造成雌花脱

落，影响幼果发育，导致空棚增加。

③果实迅速膨大期：干物质的合成和转运，需要水分的参与。缺水将严重影响坚果的增大，致使栗仁干瘪不充实，直接影响产量。

④封冻前：封冻前灌水有利于栗树防寒越冬，减少冬季寒冷干旱对树体造成的损害，并有利于翌春树体的生长发育。

(2)灌水量　灌水量应根据品种、树体大小、土质、土壤湿度和灌水方式而定。最适宜的灌水量，应使栗树根系主要分布范围内的土壤湿度，达到最有利于栗树生长发育的程度。成年树较幼树需水量大。沙地、河滩地栗园保水能力差，宜少量多次浇水。成龄栗园的灌水量应以根系分布层的土壤含水量达到田间最大持水量的70%～80%为宜。灌水量的多少可根据经验确定，或依据以下方法计算得出：

灌水量＝灌溉面积×土壤浸湿深度×土壤容重×(田间持水量－灌溉前土壤湿度)

例如：某栗园为砂壤土，田间持水量为36.7%，容重为1.62，灌溉前根系分布土层湿度为15%，欲浸湿50厘米土层，那么每666.7平方米的灌水量应为666.7×0.5×1.62×(0.367－0.15)＝117.2吨。

不同土壤的持水情况及其适宜灌水量，如表10，表11所示。

表10　不同土壤的持水量、持水当量、萎蔫系数及容积比重

小林章，《果树的营养生理》，1962

土壤质地	持水量(%)	持水量的80%～60%(%)	持水当量(%)	萎蔫系数(%)	容积比重(%)
细沙土	28.8	23.0～17.3	5.0	2.7	1.74
砂壤土	36.7	29.4～22.0	10.0	5.4	1.62
壤　土	52.3	41.8～31.4	20.0	10.8	1.48
黏壤土	60.2	48.2～36.1	25.0	13.5	1.40
黏　土	71.2	57.0～42.7	32.0	17.3	1.38

表 11 不同土壤质地在水分当量附近时的灌水量面积:666.7m²

王仲春等,1990

土壤质地	最低灌水量*		理想灌水量**	
	吨	相当于降水(毫米)	吨	相当于降水(毫米)
细沙土	18.8	29	81.6	126
砂壤土	24.8	39	81.6	125
壤　土	22.1	34	83.6	129
黏壤土	19.4	30	84.2	130
黏　土	18.1	28	88.8	137

注:* 使 20 厘米深的土层中含水量达到田间最大持水量的 60%时的灌水量

** 使 40 厘米深的土层中含水量达到田间最大持水量的 80%时的灌水量

4. 节水灌溉方式与节水途经 目前,被逐渐采用的节水灌溉方式主要有喷灌、滴灌及渗灌。

(1)喷灌 利用机械设备将水喷到空中,成为细小水珠再洒到地面,像降雨一样。这种方式基本不产生渗漏和地表径流,对土壤结构的破坏性较小,可保持土壤原有的疏松状态;用水经济,一般可节约用水 20%以上,对渗漏性强、保水能力差的沙地、河滩地果园,可节水 60%~70%;喷灌可以调节果园小气候,减少干旱、高温等极端气候对果树的危害,在对地形平整要求不高,地形复杂的山地、丘陵均可使用。果园叶面施肥,以及喷洒杀虫剂和除草剂等,可用喷灌方式进行。

喷灌也有其缺点。如在有风条件下,水滴会随风飘散。当风速在 3.5 米/秒以上时,喷灌效果就很不均匀。另外,喷灌设备价格高,增加了果园投资成本。

(2)滴灌 滴灌是目前世界上最先进的节水灌溉技术之一。它是将水加压、过滤后,通过低压管道系统输送到滴头,然后将水以水滴或细流形式，缓慢浇于根际土层的灌水方法。滴灌能经常对根域土壤供水，均匀保持土壤湿润程度，不至于过度干燥或潮湿。同时，可保持根域土壤良好的通透性，并结合施肥，能不断供给根系养分。因此，滴灌可为果树创造最适合的土壤、水分和通气条件，提高果品产量和质量。滴灌仅湿润植物根部附近的土层，具有节水、经济的特点，其水分利用率可达95%以上。在高温干旱的季节，如北方地区的麦收前后，滴灌的效果最为显著，特别适用于缺水干旱的山区和沙地。

滴灌的缺点是需要管材较多，投资较大；管道和滴头容易堵塞，对过滤设备的要求较高；滴灌不能调节小气候，不适于冻结期使用。

(3)渗灌　借助于地下管道，将水引入深层土壤，通过毛细管管壁的毛细孔，以渗流的形式湿润根系周围土壤。这种灌溉方式用水经济，节省土地，便于地表耕作，并能防止土壤板结。整个管道系统由水塔(水池)、控制系统、干管、支管和毛管组成。各级管道埋于地下30～40厘米深处，在园中呈网状排列。按照渗水口的渗水方式，渗灌分为孔口式渗灌和全壁型渗灌。

①孔口式：相当于地下滴灌。毛管铺设于株间或行间，管上每隔一段距离留有出水的微孔。灌溉时，水从小孔渗出湿润土壤。孔口式的出水口细小，容易堵塞，应在控制系统安装过滤设备，以防止泥沙、落叶等杂物进入管道。

②全壁型：应用陶罐和泥罐等能够向外渗水的器具，容水量为20升左右，装满水后埋于地下，靠自身水压或外部加压使水渗入土壤中。应用时，将水罐埋于果树根系集中分布区，两罐间隔2～3米，罐口略低于地面，用塑料膜封口。一般情况下，在果树需水关键期各注水一次。此法用水量少，无堵塞现象，增产效果显著，适合在水资源匮乏的地区应用。

5. 蓄水保墒

(1)蓄水技术措施

①截流工程:选择合适位置,从安全角度和山泉、地表水综合利用出发考虑施工,以形成新的水源。通过修筑堤坝和垒堰,减少水土流失,延缓地表水的流失速度。

②做树盘:根据果园地势情况,在农闲时期做好树盘,形成"一树一库"。

③改善果园环境:通过工程措施,疏导地表水的流向,提高植被质量,减少荒地,提高水资源利用效率。在冬季,可积雪保墒,减少水分蒸发。

(2)保墒技术措施

①果园覆盖:包括覆盖地膜和覆草。覆盖地膜一般在春季萌芽前进行,覆盖前要浇水,覆盖时可铺于行间或只铺于树盘。覆盖地膜对保持土壤墒情、提高地温、消灭杂草和提高幼树成活率有重要作用。覆草能防止水土流失,减少地表水分蒸发,改善土壤理化性质,调节温度,增加土壤有机质含量。覆草一般在5～6月份进行。在覆草前,要进行中耕,铲除杂草,整平地面。

②间作绿肥:在山地、沙地种植绿肥,可防风固沙,保持水土。果园间作绿肥,应注意对绿肥种类的选择,以免对果树生长产生不良影响。应选择植株矮小,根系浅,需水量少的作物进行种植。当植株或根系生长量大时,应及时翻耕,将绿肥作物埋入土中,才能发挥绿肥的作用。

③刨树盘:在栗萌芽前或采收后,要及时刨树盘,改善土壤状况,消灭部分病虫害。

④树盘覆盖:将麦秸和玉米秸等秸秆,进行适当处理后,覆盖于树盘地上,再用土将秸秆埋严。

6. 防渍排水

板栗虽然耐涝,但长期积水也会对树体造成不良影响。在积水中浸泡半月左右，须根大量死亡，侧根也会逐渐变褐，同时树体地上部表现出与缺水相同的症状，叶片萎蔫，叶缘焦枯，老叶率先脱落。地势低洼、地下水位高的平地栗园，遇上连日降雨，如积水不能及时排出，则很容易发生积涝，并引起渍害，盐分含量上升，改变了土壤的理化性质，对板栗生长造成持久伤害。平地果园排水，可顺势在果园周围或园内挖排水沟，或直接利用灌水沟排水。也可采用深沟高畦的方法，既可排水，又可降低地下水位，防止产生渍害。山地果园如栽植穴透水能力差，时间长了也会产生积涝。此时应在做好水土保持工作的基础上，利用果园内的排水沟或灌水渠，及时排出多余的水分。

思考题

1. 板栗的需肥规律及施肥依据是什么？

2. 板栗的需水规律是什么？

3. 怎样掌握土壤施肥的时期及方法？如何进行配方施肥？

4. 简述果园各种耕作方式的特点，如何确定当地栗园的耕作方式？

5. 栗园灌溉方式及优缺点有哪些？怎样做好果园的蓄水保墒工作？

第七章 板栗的整形修剪技术

一、专业知识

(一)板栗整形修剪的意义和作用

板栗属于喜光树种,外围壮枝结果。合理的树型和修剪,可以集中营养,提高肥效。矮化密植,便于管理,减少病虫,克服大小年,增加单株产量,提高栗果品质。总而言之,栗树修剪的意义是:“壮树高产稳产优果,节肥省药增效”。

板栗树整形修剪的作用,主要是在幼树期建造合理的枝干骨架,为丰产打下树体结构的基础,加快树冠扩展,增加枝叶量,尽快进入结果期;控制结果部位外移,减少树冠无效容积,延长获取最高经济产量的年限;调整生长与结果的矛盾,防止大小年的形成;改善树冠通风透光条件,提高果实产量与品质;调整和控制树势及树冠各个部位枝势,使树体平衡发展,各个部位均衡生长与结果;促使老树更新;减轻病虫危害;提高其他管理技术措施的效率。

(二)整形修剪的依据

1. 品种特性 即板栗的生物学特性及该品种独有的生物学特性,主要有萌芽力和成枝力的强弱、分枝角度的大小、枝条的硬度和雌、雄花芽形成的比例等。整形修剪时,应充分考虑品种的生物学特性,采取相适应的整形修剪方法,达到高效栽培的目的。

2. 树势和树龄 树势表现为强、弱和中庸,树势强健时,尽量少短截,少疏枝,多留枝,以分解树势成适中状态;树势弱时,多疏枝,集中养分供应,从弱变强至适中状态。在各树龄阶段有不同的树势要求,幼树期要求树势强旺,尽快培育成良好健壮的树体结构;进入盛果期时,要求树势适中,延长结果年限,使生殖生长和营养生长协调平衡;衰老期要恢复树势。生产中的实际树势未必与应符合的要求相同,因此需要不断进行调整,以实现栽培目的。

3. 栽培密度和管理水平　密植园要求树体低矮,树冠较小,骨干枝少,枝组相应增多。稀植园树体高大,树冠较大,骨干枝长而多,极易出现光照不良现象。管理水平较高时,树冠扩展快,注意控冠。

4. 自然环境和立地条件　自然环境和立地条件,对板栗的生长和结果影响很大。北方地区干旱少雨,栗树生长期短,生长量小,树体较小,适合采用小冠树形,且骨干枝不宜过多、过长。因此,修剪要重,多疏少截,促使养分集中,并注意及时回缩复壮,保持生长结果相对稳定。南方地区立地条件好,温、湿度适宜,栗树生长期长,高效管理下的栗树发枝条多,生长量大,适于大冠树形,主枝宜少,层间应大。要采取少疏多截的修剪方法,使养分分散利用。同时,夏季要进行多次摘心,以促生分枝,早成形、早结果和以果压冠。

土壤肥沃,水肥条件好的栗园,栗树往往易旺长,整形修剪时可采用大冠形,主干要高一些,主枝数目应适当减少,层间应适当加大,修剪要轻。土壤条件不很好的栗园,宜采用小冠形,主干可矮一些,主枝数目可相对多一些,层次要少,层间距要小,修剪应稍重,多短截,少疏枝。有风害的地方,宜选用小冠形,降低主干高度,留枝量应适当减少。

5. 整形修剪的反应　这是检验修剪是否正确的依据和标准。同一修剪方法,在枝条年龄、位置和生长势等不同时,其反应也不尽相同。其局部反应主要观察剪口下抽枝的强弱、数量和成枝情况;全树表现先看总生长量,即新梢平均长和干周增长量,再看全树成花量、坐果率、果个、果实品质、枝条充实程度和抗寒性等。生产中，应根据修剪反应不断总结经验，提高技术水平，总结出一套适合各品种和当地环境的整形修剪方法。

6. 主要病虫害和自然灾害的影响 对病虫弱枝和受风、雹、霜冻、涝灾等危害的植株，都要采用相应的修剪措施。

(三)树体与整形修剪相关的特性

第一，板栗树体高大。对于冠披散，枝条开张，顶端优势明显，伪顶芽抽生的新梢生长旺盛，中下部的新梢比较细弱，树冠向外延伸快，外围枝条密集，内膛枝条纤弱，结果面积小，结果部位外移，产量低且不稳，大小年现象突出的板栗树，修剪时要保证上疏下密，外疏内密的结构。

第二，板栗以壮枝结果。外围强壮枝都是结果母枝，内膛长20厘米左右的枝条也能形成结果母枝。强壮结果母枝的上部多有1～4个芽能抽生结果枝；中部多发细弱枝(雄花枝和无花细柔枝)，且分枝越多，枝条越弱，易形成“鸡爪状”或“鱼刺状”。

第三，板栗的叶序有三种，即1/2、1/3和2/5，因此板栗可形成三杈枝、四杈枝和平面枝。栗树在修剪时，应注意芽的位置和方向，以利于枝条分布。基部的芽多数不萌发。但在受到严重刺激，如重短截、枝干折断时，也会抽生新枝，许多品种重短截后抽生结果枝的比例达60％以上。

第四，板栗结果枝的中部连续几节生雄花序，雄花脱落没有芽子，即“盲节”，致使栗树结果部位每年外移一段，树冠内膛极易光秃，形成“前旺，后光，一去不回头，果挂树梢上”的现象。

第五，栗树属于长寿树种，隐芽寿命长。隐芽受刺激时一般都能萌发成枝，栗树的更新能力极强。生产上需要利用回缩法对老栗树进行更新复壮。

(四)整形修剪的一般原则及标准

栗树整形修剪的原则是:利于壮树扩冠,力争早实丰产,确保优质稳产。整形修剪时应遵循以下几点:

1. 符合栗树生长和结果特性

(1)整形修剪方法要灵活多变 要因树修剪,随枝做形。栗树在生长发育的过程中,虽有一定规律可循,但是由于受复杂的自然因素和人为因素的影响,造成树体发育会出现多种差异。因此,在整形修剪过程中,很难按照预定的树形结构去整理,以至推迟结果年限。所以,在整形过程中,需要根据每棵树的不同生长情况,整成与标准树形相似的树体结构。对于无法整成预定形状的树,也不能放任不管,而是要根据其生长状况,将其整成适宜形状,使枝条不致紊乱,这也就是人们经常说的"有形不死,无形不乱"的整形原则。掌握好这一原则,在栗树整形修剪过程中,就能灵活运用多种修剪技术,恰当地处理修剪中所遇到的各种问题。

(2)整形修剪 要着眼于未来,规划要长远,安排要全面,树势要均衡,主从要分明。整形修剪是为了壮树和结果。片面强调树形,或者片面强调结果,都会给树体带来不良的后果。因此,整形修剪时要有长远打算,根据树体各个发育阶段的特点,采取生长和结果并重、主次兼顾、眼前和长远影响通盘考虑的修剪原则。

(3)以轻为主,轻重结合 整形修剪要剪去一些枝叶,因此,会对栗树整体产生抑制作用。修剪程度越重,对整体生长的抑制作用也就越强。为了将这种抑制作用控制在最低限度,在整形修剪时,应坚持以轻剪为主的原则。轻剪虽然有利于扩冠、缓和树势和提早结果,但从长远来看,还必须注意树体骨架的建造。因此,在全树轻剪,增加树体总生长量的前提下,对部分骨干枝和辅养枝应适当重剪,以利于建造牢固的树体结构。由于构成树冠整体的各个不同部位的着生位置和生长势不可能完全一致,修剪的程度也不会完全一样，因此，要因地制宜地灵活掌握。

(4)修剪量的确定　在栗树生命周期内，其生长和结果的关系处于不断变化中。修剪量要根据生长和结果状况及其平衡关系而定，并参考结果母枝留量来确定修剪量。结果母枝数量有两种计算方法，即按单位面积计算和按单位投影面积计算。在单位土地面积上计算结果母枝数量时，要注意灵活掌握。例如，正常管理园一般 10 个健壮结果母枝可产 0.5 千克坚果，依此计算，若预期产量为 250 千克，则每 667 平方米需留 5 000 个结果母枝；每平方米土地面积上要有 7.5 个结果母枝。树冠覆盖率在 70% 的栗园，单位树冠投影面积需留 11 个结果母枝；若每公顷栽 1 500 株，每株平均留结果母枝 50 个。

(5)实现“三疏三密”的整体效果　“三疏三密”，是指上疏下密（树冠上部枝条疏，下部枝条密），外疏内密（树冠外围枝条疏，内膛枝条密），大枝疏小枝密（骨干枝不要过多）。在整形修剪中掌握“三疏三密”的原则，可使树体疏密有致，结构匀称，风光通透，利于丰产稳产。

(6)掌握“壮、缓、清、稳、更”五字诀　“壮”，在幼树阶段加强肥水管理，以整形为主，利用顶端优势，少用短截；对生长过大的枝条，于夏季摘心，促生分枝，加速成形，尽快形成强壮良好树形；“缓”，在中幼树阶段，促使树冠继续扩大，多培养结果枝，采用以缓为主的修剪方法。“清”，在初盛果期，调整好生长与结果的关系，清理树冠内外的密集枝，细弱枝，保持通风透光，枝条粗壮充实，为盛果期的丰产稳产奠定基础。“稳”，盛果期的修剪，要有利于树势稳、枝量稳和产量稳，并开始对全树进行局部更新修剪。“更”，在衰老期后，修剪应着重于复壮树势，延长结果年限。

(7)抑强扶弱，正确促控，合理用光，枝粗健壮　板栗园内不同树株之间或同一株树不同类型枝之间，生长势总是不平衡的，修剪要注意抑强扶弱，适当疏枝和短截，保持栗园内各株之间的群体长势一致。先促后控,幼树期必须促进树体形成和促进早开花结果,盛果期要控制过多的生殖生长或控制过旺的营养生长,使两者之间协调平衡。形成合理的叶幕结构,以求最大的光合效能。保持枝组连年结果,保证稳产。

(8)掌握"树龄小,枝龄老;树龄老,枝龄小"的枝龄结构　即,幼树与初果期树上要有较多龄期较长的枝条和枝组,以利于早期丰产;盛果期及衰老期树上,要保持较多的壮龄枝或1~2年生的幼龄枝,使树体具有较好的更新枝组和复壮树势的能力,以保持稳产和较长的结果年限。

2. 适应当地的自然环境和立地条件　栗树的树冠大小,树体结构,都要与栗园所处的自然环境,即风、土、水、光、肥等条件相适应,具体情况以当地实际需要为准。

3. 掌握成本低、效益高的原则　通过简化、省工的修剪方法,在不影响优质丰产、延长结果年限的基础上,减少投入,增加净收入。

(五)整形修剪方法及应用

1. 疏剪　又称疏枝。即将1年生枝条从基部剪去。一般来说,疏枝减少了枝条数量,缓和了树势,改善了树体通风透光条件,增加了养分积累,有利于形成花芽和开花结果。疏剪时,应清除病虫枝、干枯枝、细弱枝、重叠枝、下垂枝、不能利用的徒长枝、无用竞争枝和无利用价值的临时性辅养枝等。疏剪程度要因树而定。

2. 轻短截　在发育枝1/2处或以上部位短截,或是结果母枝盲节以上果前梢部分留芽短截。该方法由于留芽多,顶端优势被削弱,芽萌发力较高,形成枝条多,有缓和树势的作用,促使形成雌花芽,有利于结果。

3. 重短截　在发育枝1/2处以下部位短截,或结果母枝盲节段以下隐芽段留桩短截。短截程度越重,对剪口下面芽的刺激越强，新梢生长势越强，通常不利于结果。

4. 回缩 在2年生以上枝段处修剪。有促进生长和更新复壮的作用，可保持旺盛生长势，抑制树冠衰老，控制树体高度，改善通风透光状况。一般是逐年回缩，轮流更新，不可一次性回缩过重。

5. 摘心 摘除新梢先端数芽，或者摘除结果新梢先端数芽（果前梢摘心）。摘心对幼树生长非常重要。嫁接当年至成形前的幼树，需要在夏季摘心，以控制新梢生长。当新梢长至30厘米长时，将新梢顶端摘除1厘米左右。在生长季可反复摘心2～3次。摘心能缓和顶端优势，促进分枝，增加枝量，促使幼树早结果，早成形，早丰产。

6. 更新 在骨干枝1/2处或更短处回缩（大更新），或在骨干枝长度2/3处回缩（小更新），刺激隐芽萌发。更新修剪是指对所有大型骨干枝重回缩，而不是对个别大枝回缩修剪。

7. 侧枝局部更新 回缩至3～5年生枝段处。

8. 缩伐 计划密植栗园的树冠接近交接时，对预定间伐树进行回缩修剪。修剪量为永久保留株当年生长量加适当的树冠间隔。

9. 间伐 计划密植栗园的预定间伐树，经逐年缩伐，在仅剩树干残桩时将其伐除。

10. 环状剥皮 在栗树枝干基部韧皮部呈环状横割两刀，取出韧皮部分，让木质部与韧皮部中间的形成层重新分生韧皮。这主要是对进入结果树龄，但生长势偏旺、延迟结果树所采取的方法，以削弱生长势、积累光合产物、促进花芽分化为目的。

11. 倒贴皮 适用于3～5年生的树冠基本成形，但仍未结果的幼旺树或旺枝。具体方法是，9月上旬于旺树或旺枝的基部，将为树粗1/10宽的树皮剥去1圈，再把树皮立即倒贴回原处，然后用薄膜包扎。此法对提高产量，控制树冠均有较好效果。

12. 刻芽 刻芽又称目伤。萌芽前在芽的上方（或下方）

0.2～0.3 厘米处，刻一月牙形切口，深达木质部，以改变养分运输，起到促芽萌发和抑制枝条的作用。

13. 拉枝 利用绳索牵引枝条，使枝条改变原来的方向。如直立变成平斜，可促花促果；或变向补空；或改变枝条角度。

14. 长放 即不剪，以促进抽枝，缓和树势，促花促果。

15. 疏芽 当芽发绿至花生米大小时，根据着生枝条的强弱，于上部外侧选留 4～5 个饱满芽，中下部选留 2～3 个饱满芽，而将其余芽全部抹掉。疏芽时，要综合运用"去小留大，去下留上，去内留外，疏密留空"的原则。

16. 疏花疏果 板栗疏雄花的时间一般在 5 月上旬，此时混合花序已经出现。结果枝上的雄花序，应掌握在混合花序下留1～2 条，将其余的疏掉。保留雄花序时，在树冠上部留两条，树冠下部留 1 一条，混合花序上的雄花段要保留，雄花枝上的花序全部疏除。将疏棚时间在柱头干缩后，一般在 7 月上旬进行。每枝的留棚量，视品种、枝势、结果母枝量，以及肥水管理水平而定。通常强果枝留 3～4 棚，中庸果枝留 2～3 棚，弱果枝留 1～2 棚。也可因产定棚，每 100 千克坚果每平方米 11～13 棚。

17. 激素处理 可将多效唑用于板栗的控梢促花。若板栗生长过旺，在 7 月份喷洒 300 毫克/升的多效唑溶液，能有效控梢促花。调花丰产素可用于提高板栗产量。其方法是在 4 月下旬至 5 月上旬，用 100 毫克/升的调花丰产素溶液喷洒植株，可以增干粗，减少雄花，增加雌花，提高产量，并使成熟期提前。

二、操作技能

(一)适宜树形及其整形技术

板栗树是干性较强的树种。从板栗的生长状态和需光量分析，采用开心树形有利于通风透光，符合其生长结果习性。目前，生产上采用的开心树形，主要有自然开心形、主干疏层延迟开心形和变侧主干延迟开心形。

1. 自然开心形(图 7-1)

图 7-1 自然开心形

(1)树体结构 该树形没有中央领导干。可培育成形，也可由自然半圆形树形改造而成。主干高 35～100 厘米，干高随立地条件和栽培习惯而定。在主干上选留生长势均衡、角度开张、错落有致的 3～4 个主枝，各主枝间距 25～30 厘米，开张基脚约 55°。各主枝上选留 2～3 个侧枝，间距 50～70 厘米，且左右错落排列，侧枝开张角度稍大于主枝。冠高控制在 2.5～3 米。

其树形特点是，树冠开展、紧凑，内膛通风透光良好，成形早，结果早，早丰产，树形培育技术简单，便于掌握和操作，适宜各种立地条件和密植园采用。但结果部位少，不便于早期间作。

(2)整形的基本技术

①定干：板栗直播苗嫁接后，或嫁接苗栽植后，在距离地面 35～100 厘米处剪截或摘心定干。剪口下留 5～7 个饱满芽，定干后促使萌发 3～5 个健壮枝条，以利于整形。

②留主枝：定干当年，从萌发出的 3～5 个健壮枝条中，选 3～4 个主枝进行培养。如果因层间距过小或方位错落不均衡，而选不出 3 个合适主枝时，可以在最强的直立新梢上再摘心，从抽生的新枝中再选择。8～9 月份，对枝条进行开角，基角为 50°～60°。

③选配侧枝：主枝选定后，翌年从主枝的健壮的分枝上选留、

搭配合理的侧枝。

④安排结果枝组：在主侧枝上配备临时性和永久性结果枝组。要求骨架结构牢固，合理利用空间，做到“大枝亮堂堂，小枝闹嚷嚷”，内外透光，立体结果。对2～5年生的幼树，要加强夏季摘心，增加枝叶量，扩大光合面积。一般经过3～5年，就可形成树冠。

另外，整形时除骨干枝上的延长枝外，都要以轻剪为主，少疏多留，以利于幼树早成形，早结果，早丰产。

2. 主干疏层延迟开心形（图7-2）

（1）树体结构　该树形具有明显的中央领导干。与主干疏层形不同的是，当达到预定高度和层数形成后，再进行落头开心。主干高度为50～120厘米，具体高度随立地条件的不同和栽培习惯不同而有差异。立地条件好的，主干可高些；立地条件差的，主干宜低些。全树一般有主枝5个，分为两层，第一层3个，第二层两个；各层主枝插空排列，错落有致，互不影响；第一层3个主枝间距是25～30厘米，第二层主枝间距是40～50厘米，两层主枝间距为80～120厘米，下层主枝基角为50°～60°。第二层主枝基角为60°～65°。每个主枝上培养2～3个侧枝，全树共有侧枝13个左右，每个主枝的第一侧枝最好选在同一方位。第一侧枝距主干40～60厘米，呈平侧或斜侧，侧枝夹角大于主枝夹角，第二侧枝留在第一侧枝的相反方向，两侧枝相距30～50厘米。

图7-2　主干疏层延迟开心形

该树形适合于土层深厚、肥沃、疏松的土壤条件下的栗树采用，所形成的树冠高大，骨干结构牢固，结果面积大，负载量高，通风透光好，枝多量大，进入盛果期产量高。但早期产量低，内膛易光照不足，树体管理不便，只适用于稀植栽培。

(2)整形基本技术

①定干：板栗嫁接苗栽植后，在距地面50～120厘米处剪截，即定干。注意剪口下方留6～8个饱满芽。定干后，促使萌发5个以上健壮枝条。

②选中央领导干延长枝：从剪口下抽生的强枝中，选直立强旺的枝(一般是最上的1个)作中央领导干的延长枝。

③培养第一层主枝：在萌发的强枝中，选3个方位错落、相互夹角约120°和枝间距合适的枝条，作为第一层主枝。一般最下一个主枝方向朝南或朝下坡方向(针对坡地)。如果枝条数量不够用，可对中央领导干的延长枝进行摘心或剪截，用新萌发的枝条继续选留主枝。8～9月份，对选留的主枝进行角度开张。

④其余枝条的利用：对其他萌发的枝条(新梢)摘心，每当增长20～30厘米时摘心一次。培养辅养枝和结果枝。

⑤ 选培侧枝：对主枝新梢进行摘心(前提是长度足够时)或冬季短截，选培侧枝。用培育主枝一样的方法培育侧枝，侧枝要求斜生或侧生，且在主枝上左右错落分布。

用同样的方法培养第二层的两个主枝，注意两层主枝在空间上的错落分布。待第二层的最上一个主枝长成后，截去中央领导干最上主枝的以上部分，进行落头开心。

3. 变则主干延迟开心形(图7-3)

(1)树体结构　该树形有中央领导干，主干高40～100厘米，全树四个主枝不分层，在中央领导干上错落分布，最终形成四个主枝四个方向，互不影响。最后一个主枝成形后，进行落头开心。主枝间距50厘米左右，主枝开张角度在40°～50°。每个主枝留侧枝2～3个。第一侧枝距中央领导干50～60厘米，第二侧枝距第一侧枝40～50厘米，且左右错落有致，树冠高度为3～3.5米。

图 7-3　变侧主干延迟开心形

该树形紧凑，骨架牢固，通风透光，结果面积大，成年树产量高，冠形适中，适宜于中小密度栗园使用。但早期产量低。

(2)整形基本技术

①定干：直播苗嫁接后或嫁接苗定植后，在苗木(或新梢)的55～110厘米处进行短截或摘心定干。

②中央领导干的养成：每年对中央领导干进行短截，从剪口下抽生的强枝中，选留直立强壮者作中央领导干的延长枝。

③主枝和侧枝的培育：每年培育一个主枝，从每年中央领导干的剪口下抽生的强枝中，选留一个角度大、生长较旺、方向较好(第一主枝方向一般朝南，坡地栽培时为下坡上，其他应和已有主枝的方向错落开)的1个做主枝的延长枝。并在8～9月份进行枝条角度开张。通过进行夏季摘心或冬季修剪逐步培育出合理的侧枝配备。各主枝要求在方向上错落分布，主、侧枝的角度合理。

④其余枝条的利用：对每年剪口下抽生的不作骨干枝的强枝要进行合理利用。主枝延长枝的竞争枝，进行拉枝改变方向，加大角度，促花，促进翌年结果。其他分枝进行夏季连续摘心2～4次，使之形成辅养枝，加速树冠成形和促进早果。随着树成形后，逐步疏除。

⑤开心落头：当最上的主枝成形后，对中央领导干进行落头开心，形成变侧主干延迟开心形。

4. 多主枝丛状开心形　这是一种适应密植高产园建设的理想树形。该树形主枝少，侧枝多，接受阳光多，结果部位多，有效叶幕层为立体波浪形，比圆头形树的受光面积大，能充分利用光能，提高光合效率。因此,结果多,产量高,品质好。

(1)树体结构　该树形无中心干,树冠不分层,从地表嫁接部位直接分生3～7个大枝,无主侧之分。这种树形是较高密度及计划密植栗树的临时树形,早期产量高,后期易回缩更新和控制。

(2)整形基本技术　当新植幼树距地面10～20厘米处直径达1.2厘米时进行嫁接,嫁接部位在地面上5～20厘米处。接穗成活后进行摘心,促成分枝。当新梢长至50～60厘米时,选择方位适宜的3～7个新梢作为主枝,设支架绑缚固定,并依生长情况再次摘心。

第二年继续培养各大主枝,选择新生长的枝条,在合适的角度用拉枝或刻芽方法培养主枝,也可用第一年主枝上的第一、第二侧枝进行培养。第三至第六年,继续培养主枝,要控制利用辅养枝,疏除无空过密枝,冬季修剪可按每平方米树冠投影面积留结果枝8～12个。继续调整各大主枝的基角角度,使其真正达到丛状开心形。第五至第六年,树形基本形成。此时,要维持合理冠形,调整叶幕分布,保证光照良好。

(二)不同类型树的修剪

不同树龄的栗树,具有不同的生长结果特性和不同的栽培要求。因此,栗树各个时期整形修剪的重点和方法也有差异。一般来说,幼树偏重于整形,盛果期树偏重于修剪,衰老期树偏重于更新复壮。

1. 幼树的修剪　幼树阶段是树体生长,形成树形的关键时期,该阶段修剪的主要任务是长好树,整好形,促进枝量增长,为早实丰产奠定基础。此期的修剪要注意避免两个修剪极端:一是只轻剪或不剪,任其生长,过分看重幼树上的几个果实,造成枝条相互交叉,主次不分,虽结果早,但不能持久丰产和稳产。二是过分偏重于培养树形,扩大树冠,虽短期内便能形成骨架,但结果期到来迟。幼树修剪的措施主要有以下几点。

(1)控制竞争枝　栗树顶端优势强，枝条顶部芽质量好，节间短，多发生三杈枝、四杈枝和轮生枝。因此，在幼树整形期，除生长势过于强旺的枝条外，一般不短截，而是利用顶芽向外延伸，构成骨架，扩大树冠。而对三杈枝、四杈枝和轮生枝要防止竞争，以免出现“掐脖”。其方法主要有疏枝(芽)、拉枝和摘心等。对需要短截的枝条，一般从中上部饱满芽处短截。对中央干(或主枝)延长枝构成竞争的枝条，要通过拉枝、摘心、重短截或更换原延长枝(好于原延长枝时)等方法处理，把不做新头的竞争枝，转化为结果枝或予以疏除。

(2)根据树形进行整形　注意在8～9月份枝条半木质化时开张角度。

(3)少短截，轻疏剪　一般不对枝条短截。除疏除过密枝、徒长枝、病虫枝和部分竞争枝外，一般不疏枝。对小枝要尽量保留，以缓和树势、辅养树体和促进形成结果枝。

(4)加强夏季修剪　要充分应用摘心技术，在夏季摘心2～4次，枝条每生长20～30厘米，即摘心一次。这样可抑制新梢的过长延伸，促进枝条充实，形成结果枝，以便早结果。

2. 初果期树的修剪　从开始结果到大量结果之前的一段时间，为初结果期。该期是从营养生长为主，逐步向生殖生长与营养生长相对平衡的过渡时期。其修剪的主要任务是，继续整形，选培各级骨干枝，以迅速扩冠成形，培养结果母枝，力争早期丰产，平衡树势和主从关系。此期修剪必须综合考虑，做到生长、结果两相长，整形、结果两相助。初果期树的修剪措施主要有以下几点。

(1)整形，扩冠成形　继续采用幼树期的修剪措施，保持延长头的生长势，迅速扩大树冠。对各级主枝、侧枝、辅养枝和中心干延长枝进行短截，以保证旺盛生长，加快成形。短截时，要注意剪口芽留向应向下不向上，以加大枝条开张角度。控制好竞争枝，选培各级骨干枝，注意骨干枝的开角，疏除有害枝，利用夏剪措施处理好新生枝条。

(2)培养结果枝组　注意调节营养生长与生殖生长之间的关系。疏除密生枝、交叉枝和重叠枝。对1年生背下枝和侧生枝，进行轻剪或长放；对1年生直立的背上枝或较大空间的枝条及徒长枝，留3～5个先截后放，促使分枝，形成枝组，以利于翌年结果母枝的形成。对有分支的2年生枝条，除结果母枝外，对生长健壮的生长枝短剪或缓放，对下部生长枝留3～4个芽进行短截，促使分枝，待上部枝条结果后再回缩。培养结果母枝，在选培的侧枝上，加强结果母枝培育。

(3)辅养枝的利用　要利用好辅养枝，即临时性的结果母枝和发育枝等，用辅养枝辅养树体和开花结果。对幼树期培养的临时性结果母枝，在开花结果后与永久枝产生矛盾时，应逐年回缩，用直接疏除的方法加以解决。

(4)引枝补空　对空缺部位可有意识牵引附近的枝条来占据空间，也可对剪口芽采取拉、撑等措施，利用它来进行补空。

(5)其他　后期注重控冠，疏通光路和风路。

3. 盛果期树的修剪　板栗树生命周期中最丰产的时期为盛果期。该期的长短直接关系到栗园的收益状况。盛果期修剪主要是为了维持健壮丰产树势，调节生长与结果的关系，改善光照条件，培养结果母枝，防止衰老，延长盛果期年限。盛果期树的修剪措施主要有以下几点：

(1)维持健壮丰产树势　生产上主要是依据立地条件和树势，采用集中修剪和分散修剪的方法。对立地条件好，树势强健的栗树，要多留一些结果枝、发育枝、预备枝和徒长枝，以抑制营养生长、缓和树体生长势，促进生殖生长，培养结果母枝。对立地条件差、树势较弱的树或枝条，要通过疏剪和回缩，削弱生殖生长，使营养集中到保留下来的枝条上，促进树体由弱变强，形成健壮的结果母枝。

(2)配备三套枝　为了使栗树保持稳产丰产，应对结果母枝合理进行结果枝、发育枝和预备枝配备。第一套枝是：保留一部分结果母枝，使其当年结果；第二套枝是：重截一部分结果母株，对截后抽生的新梢在25～30厘米处摘心，对雄花枝在基部或盲节上留3～5个芽短截，对结果枝果前梢留3～5个芽摘心，培养翌年结果母枝；第三套枝是：将一部分结果枝的果前梢全部摘除，翌年早春修剪时从基部留2～3芽重短截，所抽生的新梢长到25厘米左右时摘心，培养第三年的结果母枝。

(3)徒长枝的修剪　对树冠内萌发的徒长枝，要根据需要进行选留。一般老树和结果树留，幼树不留；强树留，弱树不留；有生长空间者留，无空间时不留；主侧枝的中上部留，基部不留。对不保留的徒长枝要及时疏除。对选留的徒长枝，要通过拉枝和扭梢等方法来改变其枝向，或进行摘心或短截，以缓和生长势，促生分枝，形成结果母枝。

(4)年年小更新　对于结果多年，生长势已经变弱，结果量少的结果母枝，需要从较好的分枝处疏剪，以培养新的枝组，抽生健壮的结果母枝，进行更新复壮。

(5)控高控冠　依据树形的树高要求，对超过部分的中央领导干进行环剥、倒贴皮或拉平，促进多结果，以果压树。结果后缩剪，进行延迟开心落头；对落头后最上主枝抽生的直立徒长枝，一律予以疏除。进行冠径的控制，就是使株间枝不交叉，行间要有不少于0.5米宽的作业道。否则，对顶端的各类枝条要进行回缩。要疏除过密的外围枝条，保持树体的通风透光。

4. 衰老树的修剪　实生的栗树一般可生长80～100年。嫁接的栗树一般生长40～50年便进入衰老期。其树冠残缺不全，外围枝梢出现大量"鸡爪枝"、弱结果母枝和干枯枝，造成产量逐年下降，坚果品质变劣。对衰老树修剪的主要任务是，及时更新复壮，恢复树冠，提高产量和品质。要依据衰老程度的不同，对衰老树分别采取“小更新”、“大更新”和“全株更新”3种技术措施。

(1)小更新　适用于轻度衰老树。即将全树骨干枝的1/3～1/2回缩，一直到5～7年生的部位，利用冠内嫩枝作延长枝，培养成新的骨干枝。有计划地逐年回缩，3年内完成骨干枝的全部更新。

(2)大更新　适用于中度衰老树。即将全树所有的骨干枝一次性回缩至7～8年生部位。翌年剪锯口处隐芽可萌发大量强旺新枝，从中选择生长方向好、发育充实的保留，多余的疏除，留下的按照“去弱留强、去直留斜”的原则，重新培养成主侧枝。此外，有空间的地方要选留一些嫩枝培养成临时性结果枝组，以尽快恢复产量。此方法的修剪复壮作用明显，但树冠恢复较慢，更新后3年才能恢复正常结果，而且伤口较大，不易愈合，易感染病虫害。因此，疏除大枝时，可留6～8厘米的短桩，同时用利刀将伤口削平，伤口要及时涂抹石硫合剂，或其他杀菌剂，以保护树体。

(3)全株更新　严重衰老树应进行全株更新。一般严重衰老树的树干基部大多生有萌蘖，但生长不充实，属于徒长性枝条，可选留其中生长位置好的，在夏季对其进行2～3次摘心，促进加粗生长。经过2～3年培养后，适时进行优种嫁接，待嫁接成活并开始结果后，再将老树锯掉，形成一个独立的新植株。

(三)冬剪与夏剪的实施

1. 冬剪及其实施

(1)冬剪的时期及方法　冬季修剪即休眠期修剪。12月份至翌年2月份，板栗树枝梢的营养物质一般都向下运输并贮藏在茎干和根部，1～2年生枝梢内的营养物质含量较少。从减少养分损失的角度来说，栗树在此期间进行冬剪最适宜。冬剪一般采用短截、疏剪、缩剪、拉枝、长放和刻伤等方法。

(2)冬剪的实施　冬剪时，先要从四周整体观察树体状况，依品种、树势和树形制订整体修剪方案，确定修剪方法和修剪程度。在修剪过程中，首先要维持良好的群体结构，回缩或短截个体之间的交叉枝。其次，形成和维持良好的树形结构，根据树形的要求，调整骨干枝和控高、控冠。再次，单位面积上必须保留足够的结果(母)枝、发育枝和预备枝。并疏除无用枝条和有害枝。最后，改造利用各类辅养枝和可利用徒长枝等。剪完后要观察全树，必要时给予复剪调整。

2. 夏剪及其实施

(1)夏剪的时期及方法　夏剪即生长季修剪。板栗的夏剪从春季萌芽开始，直到秋冬落叶前为止，均可进行。夏剪的常用方法，有疏芽、摘心、疏花、疏果、环剥、倒贴皮和激素处理等。

(2)夏剪的实施　夏剪主要是解决冬剪的遗留问题，以缓和树势，改善光照，促进开花结果。夏季修剪时应严格掌握修剪时期和修剪量。对冬剪时留下的准备进行夏剪的枝条，一定要进行夏剪，防止矛盾积累。

(四)不合理树形的改造

对不合理树形的栗树进行修剪时，要根据树的情况灵活进行改造。一是要分年度疏除多余大枝，打开层次，调整主从关系，增强光照。二是壮枝壮芽当头，进行较重程度的回缩更新，复壮树势。三是加强土壤管理，增施肥水。

1. 对放任大树树形的改造

(1)改造树形，处理大枝　首先要确定改造后的树形，对下部有枝的树，如无明显中心干，或有中心干但基部大枝角度小，土质较薄或密度较大的树，都按开心形改造，选留 2～4 个主枝，将其他大枝逐年去掉。在大枝开张角度大且中心干明显，土壤肥沃，株间距较大的情况下，可按主干疏层开心形，或变侧主干形改造，分 2

层选留4～5个大枝，将其他枝逐年疏掉；对2～3米高以下无分枝的灯台树，可在较下部的分枝处落头，然后在1米左右高的树干上造伤（用锯拉数道伤口），促发徒长枝重新培养主枝，或在该处采用腹接的方法进行嫁接；应伐除株距过小、回缩后无生长空间的鞭杆树。

（2）落头疏枝　树形确定后，先进行重落头，除中心干外，对直立抱生的主枝上部也要落头。其次，疏除低层轮生、重叠、交叉的大枝。如果要去的大枝较少，可1年处理完；如果要去的大枝过多，可分2～3年完成。最后使全树大枝不应超过5个，树高不超过5～6米（树密还要低）。一般一年除去的大枝不超过全树总枝量的1/3，否则会减少当年产量；但也不宜过少，否则效果不明显。先重剪的树后期产量高，开始轻剪的树后期增产慢。头一年只处理大枝，小枝一概不动或适当疏间。由于树体养分集中，留下的一些弱枝亦可成花结果，这是重剪当年不减产的主要原因。同时，在春季萌芽前，于大枝光秃带的年痕或死枝后的伤疤前部，每间隔50～60厘米用锯拉口，深达木质部，以促发徒长枝。对修剪造成的大伤口，要用刀削平，并涂灭腐新，连涂两次，以保护伤口。

（3）培养内膛结果枝，疏除外围密弱枝

①抹芽疏梢：大枝处理后，光秃部位会萌发大量的徒长枝。这些徒长枝多丛生，如不及时处理则易细长生长，越冬后会大量枯死。萌芽后，在需要留用的部位选方位好的芽，只留1个，将其他芽抹除。对于实生树主干下部发出的枝，除要留作主侧枝培养外，一般均予以疏除。中部或前部发出的徒长枝，在同方向间隔50～60厘米留一个，余者早期抹除或夏季疏除。

②摘心：对留下的徒长新梢，在当年夏季摘心1～2次。对背上枝短留，第一次留10～20厘米，第二次留20～30厘米。对斜生枝长留，在30～40厘米长处摘心，靠近枝头的中庸枝不摘，翌年即可结果。

③培养与控制:对摘心后长出的枝,冬剪时重剪前端旺枝,留后部斜生中庸枝。对未摘心的直立长枝重短截,翌年疏除前端直立旺枝,留斜向中庸枝,或春季先留 20～30 厘米长,萌芽后再剪去一段,剪口芽萌发后再剪去一段,枝的生长势就会得到控制,或春季拉弯放平,发出结果母枝后回缩。内膛枝连续结果几年后要及时回缩,或用新的徒长枝替换。

④处理外围枝:改造后 2～3 年,对所留大枝的外围枝进行适当处理,疏除过密的细弱枝和重叠枝,回缩交叉枝和下垂枝。

⑤轮替回缩,更新复壮:一般改造树的头 1～2 年回缩到 5～6 年生部位有徒长枝处,交叉过大时,还要重回缩,以留足冠间距为准。对更新后再向外延伸的枝,每隔 6～7 年全树更新一次。对内膛培养出的结果枝群,当先端果枝长度小于 10 厘米时,也要回缩更新,或疏除后用徒长枝取代,全树 4～5 年更新一次。主要靠外围枝结果,2～3 年后因大量结果多表现衰弱,同时内膛新枝已开始结果,此时应对外围枝进行更新复壮。有的虽未衰弱,但株间交接,也要回缩。

2. 结果部位外移大树树形的改造

(1)落头开天窗　即去除中心枝头,逐步落到 5～7 年生部位,树形由圆头形先改为延迟开心形,后改为开心形,改善内膛光照,使内膛隐芽发枝,培养形成结果枝组。

(2)疏枝　一是疏除多余大枝,根据树势选定 3～4 个方位适宜、角度和生长势相近的主枝。对过密、结果能力差且影响内膛光照的多余大枝,一次或分几次疏除。分清层次和主从关系,恢复树势。二是疏除细弱枝。因板栗有壮枝结果的习性,对长度在 20 厘米以下、粗度不超过 0.4 厘米的弱营养枝、雄花枝、病虫枝、过密枝、交叉枝和重叠枝等,全部疏除。以集中养分到上部保留枝条,促其转化成结果母枝,或促进结果母枝发育充实。如有必要,对部分雄花枝可留基部 2～3 芽短截,以促发新枝,培养结果母枝。

(3)回缩　对于骨干枝以外的多年生细长光腿枝，要有计划地逐年回缩，促进后部发枝。回缩位置一般在多年生枝的分叉处，留3～4 厘米的桩锯截，将隐芽萌发的新枝改造成结果枝组。为了不过多地影响产量，仍需保留适量的多年生细长枝结果，待改造后的多年生结果枝组基本占据了空间，并大量结果后，再逐步回缩。

3. 衰老树树形的改造

(1)小更新　对开始衰老，但所结果实个大、品质较好、产量较高的树，将树冠上部的大枝回缩 1～2 米，锯口粗度一般不超过 10 厘米，使其重新萌发枝条，保留下部的枝条，使其照常结果。更新处理后，对锯口下部发出的新枝，应及时短截旺枝，疏除过密枝，使养分集中，培育健壮结果母枝。一般 2 年生枝即可结果，3～4 年后可恢复树冠和产量。

(2)大更新　对严重衰弱，但果实品质较好的树，将树冠所有大枝从离地 2～3 米的分枝处，留 3～4 厘米的短桩回缩，仅留下部小枝条。这种更新对产量影响很大，但更新后的最初几年，树下可套种花生等矮秆作物。当锯口下潜伏芽萌发后，选留 3～4 个方位较好的壮梢，作主枝培养，对其余的枝梢根据需要进行摘心、短截或疏除处理。每个主枝上选留培养 2～3 个侧枝。

4. 改接实生大树树形的改造　由于实生大树改接当年新梢生长极旺，需通过摘心控制其长度，增加分枝，控制饱满芽段外移。第一次摘心在新梢 30～40 厘米长时进行，从顶端摘去 1/4 左右(如摘心过轻，会只发一条二次梢)。发出两条二次梢后，再如此摘心，全年共摘心 2～3 次，既可以增加结果枝量，加快接口愈合，又可以省去绑防风柱的工作。8～9 月份，如有 3～4 次梢发生，可对细弱梢留基部几片叶重摘心。据调查，对旺枝 1 年进行两次摘心比进行一次摘心，平均可增加壮枝 2.2 条，比对照(不摘心)增加4.3 条。

改接换头树的树形，以开心形为主。前 3 年生长季节，对生长旺的骨干枝留50～60厘米长摘心。其余枝条每生长30～40厘米，即进行连续摘心。冬剪时，疏除细弱枝、交叉枝、重叠枝及外围过密枝，多股杈枝一般只保留两条结果母枝，其余均疏除或短截。同时，要注意加大骨干枝的开张角度。3年以后，逐步过渡到每年的例行修剪，即安排合理结果母枝留量，疏除无效枝等。

（五）新式树形的应用及整形修剪技术

1. 疏散分层形　疏散分层形从定干时开始，需5～7年完成。在整形过程中，要注意辅养枝及其他枝条的选留，处理好各类枝条的从属关系，保持骨干枝的生长优势，充分利用空间，增加分枝数量。疏散分层形的整形修剪方法有以下几点。

（1）打顶定干，培养低矮主干　即在苗木定植时，或定植后萌芽前，于离地80～100厘米处打顶，使其在剪口下整形带内抽发新芽。此步骤也可在圃地进行。

（2）培养中心干和主枝　幼树定干后，翌春剪口芽萌发成直立向上的枝条，剪口下也萌发许多枝条。冬季修剪时，选健壮、方向不同、相距20～40厘米（层内距）的三个分枝作三大主枝，从80厘米处短截。对中间直立枝在分枝上80～100厘米处短截，作中心干培养。对其余枝条去弱留强，注意避免重叠。

（3）侧枝的培养　在各级主枝剪口芽下萌发的枝条中，分别选1～3个健壮枝作侧枝培养。第二层主枝留1～2个枝条，同层侧枝要避免发生交叉。同时，一级和二级侧枝间距40厘米左右，二级和三级侧枝间距100厘米左右，三级和四级侧枝间距40厘米左右，并注意侧枝的走向要始终与主枝延长头保持一致。

2. 长放修剪　长放修剪是夏季通过揉枝和捋枝方法使枝条水平或下垂生长，冬季修剪疏除了大部分短果枝和中果枝，靠长果枝结果，并采用单枝更新的修剪方法。其主要特点是果枝长留、单枝更新，只疏不截。对树形要求是干高，少主，骨干枝少。采用此法修剪，枝条萌芽率高，树冠扩大快，成形容易；利于营养积累和花芽形成，结果部位多，容易丰产；结果枝更新容易，结果部位不易外移。枝条生长方向以平斜或下垂为主，通风透光好，果实品质高；修剪量小，方法简单，修剪用工大大减少，有利于降低生产成本。长放修剪方法有以下几点。

(1)定干　为了便于管理和利于通风透光，定干高度在 80～100 厘米。苗木无副梢剪口下留 3～5 个饱满芽；有弱副梢时基部留1～2 芽短剪；若有强副梢则将其从饱满芽处短剪。

(2)选留主枝　定植当年，在与行向垂直方向选生长势相当、角度好的两个新梢作为主枝。依据树势情况，对生长势旺的其余新梢全部抹除，将生长势弱的留部分新梢后摘心，辅养主枝生长。

(3)配置侧枝　在距主干 30 厘米左右处，选留第一侧枝，在距主干 70 厘米左右处选留第二侧枝。将主枝上过密过旺的背上枝疏除。对其余同斜侧枝，可采取捋枝措施促使其下垂生长，以利翌年结果，翌年继续培养第三侧枝。

(4)夏季修剪　夏剪以抹芽、捋枝和疏枝为主，幼树生长势旺时可对主枝、强旺枝摘心 1～2 次，生长势中庸枝及弱枝不摘心。培养水平下垂的长结果枝。

(5)冬季修剪　冬季修剪时对主枝进行长放，果枝间距 15～25 厘米，长 40～70 厘米，直径 0.6～0.8 厘米。对当年的结果枝，在基部发出新梢处回缩，用新梢作为翌年的结果枝。对于过弱的果枝予以疏除。

其整形过程两年可基本完成。第三年转入大量结果时期，修剪目的主要是培养更新下垂的长串结果枝和结果枝组。

思考题

1. 板栗整形修剪的依据是什么？

2. 板栗整形修剪的一般原则及标准是什么？

3. 板栗整形修剪中要实现什么样的整体效果，需要掌握的“五字诀”是什么？

4. 板栗生产中有哪三种最常用的树形？其整形方法如何？

5. 不同类型板栗树的修剪方法是什么？

6. 板栗有哪些新式树形？其整形方法如何？

第八章　花果管理技术

一、专业知识

(一)花果的识别

1. 花芽的识别　板栗为当年生枝结果，花芽全部为混合芽，即大芽，扁圆形或短三角形肥大。花芽萌发生长为结果枝或雄花枝。一般来说，着生在比较粗壮的枝条顶端的花芽，可抽生出带有雌雄花序的结果枝，下部的花芽形成只有雄花序的雄花枝；而弱枝顶端只能形成雄花枝。可抽生果枝的花芽，比抽生雄花枝的花芽大且饱满。

2. 花的识别

(1)雌花识别　雌花着生于结果枝前端雄花序的基部。着生雌花的花穗较细短，每个雄花穗的基部一般着生 1～3 个雌花簇。每个雌花簇常有雌花 3 朵，着生在 1 个栗棚中。正常情况下，雌花授粉受精后发育成 3 个坚果(有时是 2 个，或 4 个以上)，最多一个棚能结 14 个坚果。雌花柱头 7～9 个，多数情况下为 8 个，伸出棚外。子房 8 室，每室 2 个胚珠，1 个子房一般有 16 个胚珠。胚株白色，半透明状。通常只有 1 个室内的 1 个胚珠发育成种子，其他败育。也有少数 1 室形成 2 个或 3 个种子的现象，称为多籽果。雌花序中心花先开，为聚伞花序。1 个花轴上有多个雌花序时，可为总状式聚伞花序。

(2)雄花识别　雄花着生在当年新梢的叶腋处，5～7 朵成簇，组成聚伞花序。花序着生在同一花轴上，形成葇荑花序，其长短与枝上的数量，依据品种和枝类而定。一个雄花穗上有100多个花簇，全穗常有600～700朵小花。雄花穗长20厘米左右，个别品种的雄花穗可达30厘米以上。小花有花被5～6个，淡黄色，雄蕊9～11个；花丝长而细，展开前向内弯曲，后伸长；花药卵形，呈乳白色，每个花药中有花粉数千粒；花粉长圆形或圆粒形，中间有一条纵向深槽，吸水后膨胀成椭圆形，沟槽消失；花粉粒很小；无花瓣。每3～4朵小花组成一簇。在花序上，每簇中的小花数自下而上地逐渐减少。

3. 果的识别　果实长在栗棚内。栗棚呈扁圆形、椭圆形、短椭圆形、尖顶椭圆形或茧形，由刺束、球肉、针刺和球梗等几部分组成，成熟时自然开裂，开裂后，坚果从棚内脱落。栗棚上的刺束是由针状鳞片发育而成的。数个针刺组成刺束，刺束在栗棚上呈菱形排列。针刺的疏密、长短、着生方向、色泽和刚柔等，均与品种有关，有些品种针刺极短，甚至退化。栗棚的厚薄也与品种有关，成熟时一般栗棚的质量占棚果总质量的40%～50%。栗棚内侧着生灰色茸毛，与坚果茸毛多少呈正相关，但球梗的长短及果枝脱离的难易，因品种而异。

板栗的坚果由子房发育而成，一般1个栗棚内有3个果，但也有独果或双果的，4果以上的不多见。棚内3果者，中间的为中果，两边的为边果。坚果大小与品种、生长地域和营养条件有关。坚果形状不一，中果因受两边挤压而呈两侧平面形；边果外侧半圆形，内侧平面形。边果因品种不同而分为圆形、扁圆形和三角形。坚果由果皮、种皮及果肉3部分组成，果皮为木质化的坚硬壳，依据品种的不同，有褐色、深褐色、红褐色或灰褐色等。壳皮表面茸毛的多少及有无光泽，也与品种有关。坚果基部称为果座，与栗棚肉相连，在生长发育期，果实通过其吸收养分。果座表面呈放射线状，此为维管束的残迹。果座的粒状小突起为栗粒。接线将果实胴部与果座连接起来，接线下部的突出带是瘤带。果座的大小、形状、放射线的波状及粟粒的大小与疏密、接线形状、瘤带有无，是鉴别品种的依据。坚果顶部一般着生茸毛，有的品种茸毛可达全果面的1/2以上，甚至遍及全果面。坚果果肉是子叶部分。果肉含有大量淀粉，肉质分为粉质和黏质。粉质果肉煮熟后黄色，糖度高，品质优良；黏质肉半透明，乳白色或带紫红色，甜味等品质较差。

(二)花芽的分化

板栗属于同芽异花，雌、雄花序的分化期和分化持续日数不同，分化速度存在差异。

1. 花芽的分化

(1)*雄花序的分化* 板栗的雄花序为细穗状，幼嫩时直立，盛开后平展至下垂。其分化主要在形成芽的当年完成。虽然于6月份在芽内形成幼体，翌年6月份盛开，需1年的时间，但其迅速成长却仅在4月下旬至5月下旬。6月份雄花序花丝伸直，标志着雄花盛开前分化基本完成。7月份大芽进入相对稳定期，8～9月份坚果开始发育，树体营养主要供应果实，芽体处于充实期。栗实成熟后直至10月下旬，幼梢再次生长，可发现1～3个雄花序原基，节间明显，子芽增大，托叶茸毛增多。11月下旬进入休眠。

(2)*混合花芽的分化* 混合芽中雄花序的分化有两种情况：一是结果母枝的混合花序必须经过跨年度发育，前一年打下基础，年后春季萌动后至展叶发生并发育；另一种是初夏摘心、剪截后，发出的二次梢形成的混合花序或结果母枝在早春修剪时，留下的基部芽重短截后抽生的结果枝上的混合花序，这类果枝的芽发育随茎尖延伸，随生长随分化。

2. 开花坐果 板栗雄花开放大致分为4个阶段，即花丝顶出、花丝伸直、花药裂开和花丝枯萎，整个过程一般约10天。开花时，雄花序基部雄花先开，逐渐向上开放，顶端与基部花的开放相差7

天左右。带雌花穗的雄花比单雄花穗上的花开放晚。

板栗雌花无花瓣，判断雌花是否开放，主要是观察柱头的生长发育情况。雌花的开放过程由 5 个阶段组成，即：雌花出现，混合花序基部苞片中出现雌花簇，并可明显同雄花簇区分开柱头出现，雌花簇中间一朵花的柱头首先突出总苞外；柱头分叉，中间小花的柱头分开，呈 30°～45°，两侧小花柱头突出总苞外；柱头展开，中间小花柱头分成 45°～60°，侧花柱头不同程度地分开；株头反卷，中间小花柱头呈 60°，并逐渐反卷，株头开始变成淡黄褐色。

雌花与雄花的开放时间存在差异，一般雄花序开放 8～10 天后雌花开放。雌花柱头从总苞露出后便具备受精能力。授粉期是柱头突出 7～26 天，最适合的授粉时期是柱头突出后 9～13 天。柱头出齐并反卷 30°～45°时，雌花进入盛花期，此时是最适授粉期。同一花簇中，边花较中心花晚开 7 天左右，因此，要想提高坐果率，必须进行多次授粉。

3. 果实发育　栗雌花包含在总苞中的三个子房，受精后即发育成苞皮和果实。从雌花受粉到坚果成熟，约需要 3 个月，包含以下 4 个阶段。

(1)受精卵的休眠期　板栗的授粉期在 6 月上旬至下旬，受精期在 6 月下旬至 7 月初。但授粉受精半个月后，子房内仍是 14～18 个白色胚珠，在子房上部排成一圈。胚珠卵形，芝麻粒大小，与开始授粉时差别不大。此时，受精卵仍处于休眠状态。

(2)幼胚发生期　7 月中旬，子房内的胚珠中间有 1 个开始膨大，比其余的大 2～3 倍，以后逐渐明显增大，幼胚中胚乳胶冻状，幼胚开始长大，呈心脏形或鱼雷形，浸于胚乳中。

(3)胚乳吸收期　7 月下旬，幼果开始迅速膨大，胚珠向子房下端发展，为子房的 1/4～1/3。幼胚形成明显的胚根和子叶。随着子叶的长大，胶冻状的胚乳逐步被吸收。不发育的胚呈褐色，残留在子房上部。

(4)幼果增大期　8月中旬后,胚乳被全部吸收,子叶明显变大,此时栗树枝叶已经停止生长,光合产物主要供应坚果和种子的迅速生长的需要。

在以上4个时期中,幼胚发生期和胚乳吸收期的坚果生长极为缓慢,刺苞不断长大,苞皮加厚。但其中的三个子房增大不明显。而幼果增大期,坚果显著膨大,主要是种子中子叶的生长和干物质的积累。坚果的增重在成熟前20天最为重要。这时刺苞中也有一部分营养转到种子内,促使坚果得到充分的生长和发育。

二、操作技能

(一)促进花芽分化的技术措施

板栗是雌、雄异花植物,异花授粉。雄花序与雌花序的比约为12∶1,而花朵比为2 000∶1,雌花数量少是板栗产量低的主要原因。因此,掌握板栗雌花分化规律和雌花的促成技术,对有效促进雌花分化,提高板栗产量具有重要的意义。目前,在生产上促进板栗花芽分化的技术主要有以下几点:

1. 选育雌花分化能力强的品种　板栗品种是影响雌雄花序形成的主要因子之一。在我国,板栗品种资源丰富,不同品种雌花的分化和形成能力各不相同。选择适合本地发展的雌花量较多的优良品种,如九家种、金丰和处署红等品种,以及定向培育雌花量多的品种,均是解决板栗雌花量少、雄花量多问题的途径,提高板栗产量的重要措施。

2. 合理施肥　合理施肥是板栗增加雌花,提高产量的关键。栗树树体上1年的营养贮存和当年春肥的施用都直接影响板栗当年雌花的发生。因此,应在加强综合管理的基础上,重施基肥和早施春肥。一是在采果后及时重施基肥,恢复树势,提高光合作用强度，增加营养物质积累，提高树体营养水平；二是及时因树追施氮肥；三是早春及时根外追肥。

3. 合理修剪

（1）对幼树　夏季多次摘心，促进分枝，培养结果母枝。当新梢长到20厘米左右长时进行第一次摘心，当二、三次梢长到30厘米左右长时再摘心，摘去6～10厘米长，使留下的芽生长得充实饱满。

（2）对嫁接1～3年的栗树　适时摘心。嫁接后第一年的5月中旬，新梢长至30厘米长时进行第一次摘心，摘除顶端1厘米长的嫩梢；新生分枝长到25厘米左右长时再摘心。此后，分枝长至20厘米左右长时再摘心。8月下旬至9月上旬，摘去新生的秋梢。

（3）对结果树　在休眠期，按计划产量留足健壮结果母枝，疏除过密的、细弱的结果母枝、枯枝和病虫枝。对细弱的雄花枝或发育枝，除少数短截留作预备枝外，其余也全部疏除。对交叉枝、重叠枝、鸡爪枝和光腿枝等大枝进行回缩，以均衡树势，节省营养，增加雌花数。

4. 适时拉枝　板栗幼树期和初果期，直立生长的中强发育枝和徒长枝，一般不能抽生出结果枝，或仅在枝的顶端抽生1～2个结果枝，在树液流动后、芽膨大前，将它们拉至与主干成80°角左右，并适当疏除过密的芽子。

5. 及时疏芽　在板栗幼树和回缩更新及改劣换优树上，当芽发绿如花生米大小时，根据所着生枝条的强弱，于上部外侧选留4～5个饱满芽，中下部选留2～3个饱满芽，其余的芽全部抹掉。

6. 疏除雄花序

一般5月上旬两性花出现时疏雄。对结果枝上的雄花序，在两性花序下留1～2条，其余全部疏掉。保留雄花序时，在树冠上部留2条，树冠下部留1条。两性花序上的雄花段需要保留。单纯的雄花枝上的花序，应全部疏除。

7. 使用植物生长调节剂 在雌花分化期,人工喷布外源激素,能显著提高板栗雌花分化率。

(二)疏花疏果

花芽分化和果实增大一般是同时进行的。在营养条件充足或花果负荷适当时,既能保证果实肥大,又能促进花芽分化;而在营养不足或花果过多时,营养供应与消耗之间会产生矛盾,且会抑制花芽分化,削弱树势。板栗本身着棚率高,若花量大,就会造成树体营养供应不足。因此,对板栗进行合理的疏花疏果十分必要。这既是协调板栗生长与结果的关系,达到连年丰产的需要,又是提高坚果品质的需要。

1. 疏花 对板栗进行疏花时,可直接用手摘除,也可喷施化学试剂疏花。

人工疏花,要保留混合花序,疏除大部分的雄花序。对低冠树,可随手将雄花序摘除,高冠树用踏凳架梯上树,或用木钩拉下枝条,将雄花序摘除、最好由上而下地顺序进行,由内到外,不要误疏混合花序。

(2)化学药剂疏花 用化学除雄剂可收到明显效果,增产幅可达度30%,而且投资少,见效快,效益高。

①喷药时间:一般在5月中下旬至6月上旬,掌握标准是雄花序长到8～10厘米长,混合花序长到1～2厘米长时,喷药最为适宜。

②喷药量:除雄剂最佳浓度是1 000～1 300倍液,每支对水7～8升。与防虫药剂结合施用,可降低成本。如与叶面喷肥结合,则效果更好。喷洒后12个小时内遇雨应重喷。树顶应留一部分不喷,以作授粉用。

③药理反应:喷后5天,雄花开始脱落,7～8天达高峰。一般雄花脱落65%～75%,即大大减少了对养分的消耗。

板栗疏花的时间，宜早不宜晚，一般在谷雨至立夏之间进行。第一次疏花在雄花序长到3厘米左右长时，疏除一部分雄花序。第二次在混合芽出现时进行，此时混合花序顶端稍带紫红色且较短，很容易识别。疏花时，一般一个结果枝保留1～3个雌花，尽量保留结果枝下部先长出的优质花，摘除后长出的小花和劣花；雄花量保留10%～20%，留树冠顶端和边远枝梢上的雄花，将其余雄花全部疏除。

2. 疏果 板栗的疏果就是去掉过弱果枝及果枝上过多的幼棚，以减少不必要的营养消耗，避免因营养不足而使幼棚脱落或发育不良。疏果的时间，原则上宜早不宜迟，有利于树体节约大量营养物质，供给保留生长用。一般幼棚长至黄豆粒大小时即可进行疏果。疏果时需要使用疏果剪。疏除的对象是丛生果、过密果、病虫枝及先端发育不良果。其方法是去掉丛苞中后生长出来比较小的栗棚，保留较大的栗棚。在生产上，应依据品种、枝势、结果母枝量与强弱，以及肥水管理水平，确定留棚量。一般强果枝30～40厘米长留3～4个棚，中庸果枝20～30厘米长留2～3个棚，20厘米长以下的弱果枝留1～2个棚。在同株树上，树冠外围多留棚，树冠内膛少留棚。

（三）人工辅助授粉

从板栗实生苗后代分离表现出复杂的遗传性来看，板栗虽属于异花授粉植物，但它又是以风媒为主的风虫媒花植物，且雄花量大，可授粉期长，一般不需要人工辅助授粉。但是，如果板栗在花期内遇到不良天气，如强干热风和连阴雨天，花粉就很难再依靠风力和昆虫传播，此时就必须进行人工辅助授粉。另外，人工辅助授粉也可显著提高坐果率，大大减轻某些病害的发生。板栗辅助授粉的方法有以下几点。

1. 选择授粉树 选择授粉树时，要考虑花粉的亲和力，并且要必须注意花粉的直感作用。利用花粉对单粒重的直感作用,选择大粒品种作授粉树,以增大栗实单果重;利用其对成熟期的直感作用,选择早熟品种作授粉树,以促使坚果早熟;利用其对品质、涩皮的直感作用,选择品质好、涩皮易剥的品种作授粉树,以利于改善品质和剥离涩皮。

2. 采花 用于采花的品种,应该是可产生大量可稔性花粉的品种。最好采用多个品种的混合花粉,以增加选择受精的机会。采花时,要采集花瓣松散且尚未开放的铃铛花蕾。花量多的树可多采,这也可起到疏花的作用。授粉树雄花序上约有70%的花朵开放时,是采花的最适宜时期。采花应在早8时前后进行,因为9时以后是散粉的高峰期。

3. 取粉 由于采下的鲜花湿度大,呼吸作用旺盛,因而不能堆放,要及时摊晾在铺有洁净纸张的苇席上。苇席要架离地面,置于避风、干燥、受光良好的地方。遇阴雨天,必须放入室内,并用电灯补光。摊晒厚度为3～4厘米。摊晒过程中,需要经常抖动。雄花序晒干后,去掉花轴,并筛去细花梗和花丝等杂物。再将花粉碾细,筛除杂质,放入棕色瓶中备用。花粉的发芽能力在常温下可维持约1个月。

4. 授粉 板栗雌花的开花授粉时期相对较长,为10～15天,当雌花柱头反卷30°～45°时,进行受粉效果最佳。授粉时,凡是能用手触及的地方,均可用毛笔点授;触及不到的地方,可将1份花粉加5～10份淀粉或滑石粉填充剂,混合均匀后喷粉或装入布袋抖撒授粉。这样既可节省花粉,又能完成授粉。给板栗授粉时,也可采用液体授粉,即将花粉放入10%的蔗糖液中,再加入0.15%硼砂后喷雾。这种授粉方式最好在盛花期采用,效果与人工点授相似,而可进行大面积的人工授粉,节省劳力。但由于花粉同蔗糖和硼砂混合后,在2～4小时内便会发芽,因此,必须在混合后2小时内喷完。

(四)防止空棚

空棚即通常所说的“空苞”、“哑苞”、“秕籽”等，是板栗生产中普遍存在的现象。栗树上产生的空棚不仅无产量，同时也消耗树体营养，给板栗生产带来巨大的损失。空棚的产生主要有两种情况：一是授粉受精不良引起的空棚。当板栗没有完成授粉受精时，子房会停止发育，刺棚早期膨大，但后期停止生长，可导致空棚的发生。二是营养不良引起的空棚。当土壤中缺少氮、硼元素，尤其是缺硼时，板栗空棚现象会严重发生。另外，空棚的发生同肥水条件、当年气候情况及品种性状，也有明显关系。防止空棚的措施有以下几点：

1. 配置好授粉树，辅以人工授粉　建园时应注意授粉树的配置，一般确定主栽品种后，适当搭配同花期的 1～2 个其他品种；在开花期选择两个以上品种的花粉，进行人工辅助授粉，均可有效减少空棚率。

2. 注意补充硼

(1)土壤施硼　春季萌芽前，每平方米树冠投影面积施纯硼 10～20 克，在树冠外围须根分布最多的区域挖穴施入，然后浇水。春旱及时浇水或进行地面覆盖，可减少土壤对硼的固定，相对增加土壤速效硼含量。

(2)叶面喷硼　对板栗叶片喷布硼溶液，可使栗树很快增加硼的吸收量。

(3)树干输硼液　在栗树开花初期，选主干中部皮层光滑一面，用小手钻钻一个直径 0.5 厘米、斜向下的小孔，孔深至树心。然后用 0.5 克硼，对 10 升水，溶化后装入瓶内，将瓶吊于树上，用吊瓶输液管输入树孔，将流量调节至不溢出为宜。硼液输完后，用泥封死树孔。

3. 加强肥水管理　加强肥水供应，不仅可以增强板栗树势，也可以起到防止空棚的有效作用。

4. 搞好"三喷" "三喷"即用0.3%尿素液和0.3%磷酸二氢钾液、0.3%硼砂液的混合液，即每50升水对150克尿素、150克磷酸二氢钾和150克硼砂所形成的溶液，于板栗的展叶期、盛花期、幼果膨大期各喷一次。此法能有效防止板栗空棚的发生。

(五)防止落果

落果是指栗棚早期脱落，由生理和和自然灾害两种原因所造成。板栗一般坐果率很高，通常落果率不会超过全株的10%。但在果实发育期，也会出现两个落果高峰，即7月末的早期落果和8月上旬以后的后期落果。早期落果主要表现为混合花序的脱落和雌花序的脱落。早期落果既受结果母枝和结果枝质量的影响，也受开花前后和花期日照条件不良的影响。但早期落果与受精情况无关。很多板栗品种和株系存在空棚，直至成熟期与受精果同期脱落。后期落果，发生在8月份以后，辽丹58、辽丹15和伊吹等日本栗系统的品种，后期落果较为明显。后期落果多数是由未受精或受精不良所致。

防止落果的措施主要是加强肥水管理，进行细致的修剪，改善光照条件，保障营养供应，提高结果母枝和结果枝的质量。另一方面，要配置合适的授粉树，保证有良好的授粉受精条件。在天气变化、阴天、光照不利等条件下，要采取人工辅助授粉的措施。

(六)避免大小年现象

自然生长和缺乏管理的板栗树，大小年结果现象非常明显，一年高产，一年低产，有时甚至出现2～3年低产。这是树体营养不稳造成的。板栗落果少，自我调节能力较差，大龄树体营养会严重亏损，导致翌年春雌花分化减少，形成产量上的小年。而当年结果量少，气候水土条件好，病虫危害轻，树体积累营养增加，花芽分化好，翌年雌花分化会多，从而会形成产量上的大年。一般来看，强壮树大小年现象不明显，而盛果期的大树和衰老树，大小年现象普遍，且十分严重。品种不同，大小年现象也存在较大差异。同时，大小年现象也受自然条件的影响，特别是日照、气温、降雨及病虫影响更为显著。

生产上克服大小年现象和减小大小年产量差异，关键在于调整栗树树体的营养状况。具体措施有以下几点。

1. 加强管理 加强栗园的土、肥、水管理，这是克服板栗大小年发生的根本措施。

2. 合理修剪 对大龄栗树应及时修剪，修剪时以保证当年栗果产量、促进营养生长、多留预备枝为原则。修剪要适度加重，调整结果量，疏除细弱枝和过密枝，使树冠内膛通风透光良好，减少树体的营养消耗，增加树体养分积累，促进花芽分化和雌花原基形成，为小年丰产奠定基础。而遇到小年时，要加强保果措施，提高授粉质量。小年时的修剪以轻剪为主，积极保花保果，使小年不小，做到连续平衡丰产。

3. 疏果定产 虽然通过修剪调整了栗树大小年时的花芽量，但仍需加强坐果后的管理。若坐果过多，则应适当疏果。

(七)疏栗棚

栗实的单粒重与板栗的产量密切相关，提高栗实单粒重是实现板栗优质丰产的重要途径。栗实增重期供水不足，坐果量过多，均能影响栗实的单粒重。在板栗生产中，许多果农疏棚意识薄弱，严重影响了产量，大大降低了品质。因此，为避免以上现象的发生，必须正确看待生产上对疏除栗棚的要求，以增加产量，提高品质。

在生产中促进雌花的技术和提高结实率技术的综合运用，使板栗雌花会大量增加，栗棚量一般也会过多，有的一条结果枝上栗棚数达到 10 多个，这样就造成了栗树负载过重，营养供应严重不足，致使空棚率增加，果实大小不一，大小年结果现象突出。因此，必须采取合理疏除栗棚的措施。疏棚的时间应选择在柱头干缩后，一般在 7 月上旬进行。依据板栗的品种、枝势、结果母枝量、目标产量以及肥水管理水平，确定每枝的留棚量。通常疏棚的标准是：强果枝留 3～4 个棚，中庸果枝留 2～3 个棚，弱果枝留 1～2 个棚。亦可以产定棚，即每 100 千克栗实每平方米留栗棚 11～13 个。

(八)实现一年两次结果的措施

板栗在光照良好，营养充足的情况下，初夏剪截和摘心后所萌发的二次梢，具有形成雌花的特性。可以利用板栗的此种自然特性，采取一定的技术措施，在雌花量少的树或枝上，促生二次梢结果，实现一年二次果的目标，从而实现栗树的增产。

1. 剪截时间 山东费县是在 5 月中旬进行。此时，当地的旬气温为 20.1℃，5 厘米深处地温为 21.4℃，旬降雨量为 7.2 毫米。

2. 枝条剪截

(1)雄花枝的剪截　先将单纯雄花枝的雄花序全部疏除。然后从盲节以上 3～5 个芽处剪截。新抽生的二次枝出现混合花序后，在二次枝的果前梢 3～5 芽处摘心。

(2)发育枝的剪截　对发育枝，从半木质化部位剪截。新抽生的二次枝出现混合花序后，在果前梢 3～5 片叶处摘心。

(3)剪截果前梢　对一次雌花簇量在两个以下的果前梢，在 1～5 片叶上部剪截，当新抽的二次枝出现混合花序后，再从二次结果枝的果前梢的 3～4 片叶处摘心。

(4)人工授粉　板栗二次雌花的授粉期在 7 月中旬至 7 月末，这个时期，第一次雄花大都已经度过散粉期，并开始大量脱落，只有少量的二次雄花可供自然授粉。这就需要采集第一次雄花的花粉，以用于人工授粉。人工授粉间隔 4 天进行一次，共进行四次，这样可使二次果空棚率降低22.5%左右。

思考题

1. 促进花芽分化的技术措施有哪些？
2. 疏花疏果的具体方法是什么？
3. 如何防止板栗生产中空棚现象的发生？
4. 如何防止板栗生产中的大小年现象？
5. 实现板栗一年两次结果的技术措施有哪些？

第九章 果实的采收及贮藏

一、板栗的采收

(一)栗实的成熟过程及生理变化

1. 栗实的发育 从雌花授粉至坚果成熟，大约需要3个月的时间。板栗胚的发育阶段，可参考前文。

2. 果实的成熟 栗果实成熟的标志是栗棚呈黄色，棚顶裂成“十”字形，栗果褐色有光泽。板栗的成熟期因品种而异，一般早熟品种在9月上旬成熟，而晚熟品种则到10月上旬才能成熟。充分成熟的栗实具有该品种的特性，果皮有光泽，籽粒饱满。

(二)板栗的采收时期和方法

采收是板栗生产管理的最后一个环节，又是板栗商品处理、销售的最初环节。采收不当，不仅会减产，而且会影响翌年的产量，甚至还会影响板栗的品质和贮藏性，影响板栗的商品价值。采收环节中最重要的是采收的时期和采收的方法。

1. 采收时期 板栗的采收应在板栗果实充分成熟时进行。这样不仅可以提高坚果的淀粉和可溶性糖的含量，而且可最大限度地提高栗实的贮藏性。由于板栗的成熟期不一致，单株栗树上栗实的成熟需延续几天时间，不便于集中管理。采摘时间要根据实际情况来确定。当栗棚呈“一”字形开裂，栗苞为黄褐色，针刺枯焦状，栗果皮具光泽，少量栗果开始落地时，为采收适期。

2. 采收方法

(1)拾栗子　我国北方产区，如辽宁、河北和山东等地区，以及西南各省的实生繁殖生产都采用拾栗子的方法。球苞完全成熟后开裂，坚果落地后拾取。捡拾栗果之前要清除栗园中的杂草和枯枝等，锄松土壤，避免摔坏。捡拾前先摇晃栗树，使果实落地。拾栗一般于中午之前进行，避免中午日晒失水。

此方法收获的栗子，发育充分，外形美观，有光泽，品质优良，耐贮耐运，同时还可以充分利用辅助劳力。但必须每天捡拾，否则栗果长时间在地面裸露，会因失水而风干，影响果品的产量和质量。栗果捡回后，要立即进行沙藏处理，避免失水风干。

(2)打栗棚　我国大部分产区采用打栗棚方法。板栗开裂40%以上，部分球苞开裂时，用竹竿将栗棚震落，并捡起集中堆放在阴凉处，每层20厘米厚，喷洒少量清水，增加棚堆内的湿度。棚堆厚度不超过80厘米，5～7天栗棚开裂后，将栗果捡出，注意不要损坏果皮的光洁度。这种方法虽然省工，但坚果成熟度不够，品质差，不耐贮，而且易伤枝，影响翌年产量。另外，堆集过程中也易遭病虫危害。并且，有的栗农为了方便和快捷，栗棚开裂后用木棒击打棚苞，严重损坏果皮的蜡质光泽，甚至有的出现划痕，严重降低果品的等级。

拾栗子和打栗子分别是南方和北方的传统采收方法，目前南北方均趋向于打、拾相结合的方法。成熟前期以拾为主，同时打落少量已开裂但未落下的栗子；后期以打为主，当留在树上的栗苞大部分开裂，坚果外果皮转色后可一次性打落。

3. 坚果脱粒　板栗采收后气温一般仍很高，栗实呼吸旺盛，会产生大量热量，很容易霉烂。因此，栗苞收后应放在冷凉、通风和背阴的地方，最好堆放在泥地上，不要堆放在石灰地上。堆放前栗苞上喷杀虫剂和杀菌剂，堆放厚度0.5～1米，隔3～5米放一束用玉米秆或高粱秆捆成的通气道，防止栗堆内因透气不良而使温度过高、湿度太大，引起霉变。栗苞堆积时间不要太长，应及时把栗仁取出。

4. 采后处理 板栗采后的科学处理，有利于降低贮藏期间的烂果率、延长贮藏期。

(1)发汗及预冷 板栗采收后及时摊放到阴凉通风处，并不断翻动，使其自然发汗，同时干燥表面。翻动过程中去除病虫果。发汗时间不宜太长，蒸发表面水分即可。当栗实表面干燥后，要及时进行预冷降温。

(2)化学药剂浸果 板栗采后用甲基托布津500倍液浸果3分钟，或用甲基托布津200倍液喷洒果面，可抑制微生物活动，提高贮藏性。

(三)板栗的贮藏

1. 栗实贮藏的原理 板栗果实由多种化学成分组成，如水分、糖、淀粉、蛋白质、维生素和矿物质，这些化学成分与栗实的贮藏有着密切的关系。

(1)水分 适当的水分是保持栗果正常生理活动和新鲜品质的必要条件。栗实含水量的多少与栗实成熟的状况及其产地关系密切。刚采收的栗实含水量一般在50%左右，结冰点在－3℃。而新鲜栗果在贮藏中水分很容易损失，导致栗实失重或发生病变；在同一批栗果中，含水量高的比含水量低的病变严重；我国南方板栗腐烂比北方严重，除采收时气温过高外，栗果含水量高也是产生腐烂的重要原因。

(2)糖 栗实含糖量因品种和贮藏时间的长短而异。一般含糖量高、水分含量低的栗果易贮藏；反之则易腐烂。板栗的含糖量一般在12%～22%，随着贮藏时间的增长，糖的含量也随之升高。

(3)淀粉 栗实中淀粉的含量一般在56%～60%，淀粉分为支链和直链两种，在相同温、湿度条件下，直链淀粉较稳定，我国南方板栗中直链淀粉较北方板栗含量高，北方板栗支链淀粉较多，故糯性较强。同等条件下南方板栗易烂，主要是当地气温高和栗果内水分含量大所致。

(4)蛋白质　栗果中蛋白质含量为4.8%～10.7%，蛋白酶类催化果实中的各项代谢过程。因此，蛋白质在贮藏代谢过程中起着非常重要的作用。各种生理代谢都离不开温、湿度条件，在温、湿度适宜的情况下，板栗可整年贮藏。

2. 贮藏中的生理变化　采收后，板栗的新陈代谢依然继续，不同之处是不再从树体上得到水分和其他营养物质，而且自身不断失去水分，逐渐消耗体内的积累物质，以供给生命活动所需的能量。随着贮藏期的延长，营养物质消耗逐渐增加，栗果的外观色泽、风味、口感和营养成分都在不断变化，其生理性状和化学性状也随之变化。

(1)呼吸　栗实在贮藏初期并未进入休眠状态，其生理活动反而更旺盛，呼吸作用更强烈。因此，在贮藏初期要注意贮藏设施的通风散热，避免栗果大量堆积发热。贮藏第二个月，气温显著下降，栗果的呼吸作用也逐渐减弱。此时由于气温低，因而栗果性状较稳定，不易腐烂。11月下旬至1月上旬，栗实进入深休眠阶段，呼吸作用明显下降，烂果率也降至最低。

(2)质量变化　板栗在呼吸过程中消耗的主要物质是糖，其次是淀粉、蛋白质和有机酸，从而使果实失重，组织衰老。栗实刚采收时含糖量较低，淀粉含量高。但随着贮藏时间的增加，其淀粉在淀粉酶的作用下分解成糖，果实口感明显变甜。但在贮藏中，含糖量的过高则易滋生病菌。因此，在板栗贮藏中控制温度、调整湿度，是减少栗果衰老的有效方法。

3. 影响贮藏的因素　板栗怕热、怕干、怕水，贮运不当易引起失重、发芽、虫蛀和腐烂变质等。通常最适宜贮藏的温度为1℃～4℃，最低不能低于－3℃。温度过高会生霉变质，温度过低则会造成冷害。贮藏环境要求湿润，但不可太湿，一般相对湿度为90%～95%，气体成分以10%的二氧化碳和3%的氧气为宜。

二、板栗的贮藏方法

(一)贮藏前的处理

1. 选用耐贮藏的品种 一般选用中、晚熟品种的板栗进行贮藏。

2. 适时采收 板栗成熟期依产地和品种而异。一般在充分成熟时采收为宜。采收时要注意天气，雨天或雨后初晴，以及露水未干时不能采收。过早采收或一次性打栗苞法采收不成熟的栗果不耐贮藏。

3. 防治病虫害 对采后的板栗，要立即进行杀虫处理。最好将栗苞从树上采下后立即用药熏蒸杀虫，也可浸入药液中杀虫。

4. 堆放、散热处理 采后的栗苞存放一段时间，有利于板栗后熟和着色，也有利于贮藏运输。但堆放不宜超过10天，堆高应控制在70～100厘米。堆时注意不要在上面踩踏。最好将栗苞倒在地上，再用木锨扬到堆上。为了通风透气，可每隔3～5米插一小把用竹竿或秸秆捆成的通风道。若在室内堆放，还要注意开窗透气，并做好散热处理。

5. 认真选果 为保证板栗贮藏的质量和效果，要选择成熟饱满、有光泽、无霉烂、无发芽及无虫害的板栗进行贮藏。

6. 预贮 将采收的栗子放在阴凉干燥的地方，摊开晾放。

(二)贮藏的方法

1. 沙藏 沙藏法简便易行，投资少，是我国目前贮藏栗果的主要方法，应用十分广泛。该方法分为堆藏和沟藏两种。南方地区多用堆藏，北方地区一般都用沟藏。沙藏前要将刚采收的栗实进行薄层堆放，以散热预冷。然后用湿沙混合栗实，贮于容器或地沟中。

(1)沟藏　贮藏沟要选在地势高燥、背风、阴凉、便于管理之处。通常沟深 100 厘米，宽 80 厘米，沟长依贮藏数量而定。沟底铺 10 厘米厚的干净细沙，按 1 份栗实配 2～3 份沙子的比例，混合均匀后放入沟内，并使栗实相互之间、栗实与沟壁之间不接触。细沙含水量为 15%左右。栗实放至距沟口 15 厘米为止，其上再盖一层细沙，并在地面顺沟做成弧形土埂，以防止雨水灌入。在放入栗实的同时，沟内中央处每隔 1 米竖立 1 个直径 10～15 厘米的秸把，以利于通气。入冬后加厚覆土层，以防止栗实层结冻。

(2)堆藏　选冷凉背阴的地方，或四周及顶部用秸秆、苇席等搭棚遮阴，或者在室内地面先铺上一层 3～4 厘米厚的干净湿沙，沙的湿度以手捏不成团为宜。在其上面，堆放一层栗实，铺一层沙，沙厚 3～6 厘米，最后盖沙 3～6 厘米厚，沙上再盖一层稻草或其他覆盖物，整个高度不要超过 1 米。为降低栗实失重率，沙藏 1 个月后，可改用塑料袋包装贮藏，每包 20～25 千克。

2. 袋　藏

(1)沟内袋藏　沟内袋藏是在沟藏的基础上总结出的一种简单易行且有效的贮藏方法。此方法既可以用于栗实的临时贮藏，又可用于农户栗实的冬季贮藏。具体方法是：将新采收的栗果从栗棚中取粒，在水中浸泡 4～5 小时，降低栗实温度后，将其装入透气的编织袋中，扎严袋口，沥出袋内水分，在背阴处挖深 1 米、宽 60 厘米贮藏沟，放满水，降低土壤温度。待沟内的水渗下后，将装满栗果的编织袋放在沟内，每隔 10 厘米放一袋，填入湿沙。采用此方法贮藏的板栗，可随时取出销售，亦可贮藏到春节前后。这样贮藏的板栗不仅烂果少，果面无污染，而且杂质少。

(2)室内袋藏　选一间有南北窗户的普通房屋，检查通风情况，堵塞鼠洞，用0.1%高锰酸钾对室内消毒，并在前后窗上安装保温窗帘。将熏蒸、摊晾、挑选过的板栗，放入浓度为10%的食盐水中去杂，捞出后再放入0.1%浓度的高锰酸钾溶液中消毒半小时。选用厚0.017毫米以上的农用塑料薄膜，裁制成长2.2米、宽1米的口袋，并进行消毒。将消毒后的板栗装入袋内，每袋装25千克，不封口，按两层厚度放置在室内。通过开关窗户、保温帘及洒水，使室温保持在0℃～16℃，以5℃～8℃最佳，湿度保持在85%左右即可。

3. 熟果干藏 将采后的板栗煮后烘晒干，可久藏。将栗果放在沸水中煮约10分钟，然后把它晒干或烘干，带壳保存在干燥环境中。熟干栗果虽然风味大减，但交通不便的山区可以栗代粮，或周年供应市场。

4. 带棚贮藏 将带棚栗实放入竹篓或苇萎中，放在阴凉处。前期有利于保持栗实水分和积累养分，具有一定保鲜作用，贮藏效果好。但到了贮藏后期，栗棚失水风干，易使栗果严重失水，效果不佳。因此，此法只宜用于短期贮藏。

5. 锯屑、砻糠贮藏 选用新鲜未霉变的锯木屑，或用盐水浸泡1周并晾过的砻糠，供贮藏板栗用。锯屑、砻糠的含水量以手握成团，松手散开为宜。

(1)室内堆藏　在通风凉爽的室内，用砖围成长、宽各1米，高约35厘米的方框，框内地面铺一层厚5厘米的锯屑或砻糠，然后将坚果与锯屑或砻糠按1∶1的比例混合好，倒入框内，上面覆盖约10厘米厚的锯屑或砻糠。贮藏期间，要经常检查室内温度、通风条件以及箱内或堆内的坚果状况。

(2)木箱贮藏　即将完好的坚果与锯屑或砻糠混合好，放入箱内，上面再盖10厘米厚的锯屑或砻糠，放在通风阴凉处存放。

6. 冷库贮藏 板栗在常温下贮藏，由于含水量较高，栗实及病原菌呼吸和代谢均十分活跃，易造成栗实腐烂。而在低温下贮藏，不仅可减缓栗果及病原菌的代谢活动，还可降低水分损失，有利于贮藏。目前，栗实贮藏保鲜的最好方法之一就是冷藏。采用此法贮藏的栗果，腐烂与损耗少，基本无霉变现象发生，能较好保持栗实的品质，贮期可长达1年。

栗实与其他作物种子不同，不耐－4℃以下低温。因此，采用冷藏法贮藏板栗时，通常较适合的温度为－1℃～0℃。目前，生产上多采用冷库贮藏，冷库的基本构造包括库房和机械制冷设备两部分。库房用良好的隔热材料与坚固的建筑材料建成，机械制冷设备主要包括制冷机和冷风机两大部分。

在板栗产区，建造10～100吨的小型冷库，用于贮藏保鲜板栗比较实用。其特点是：投资少，效益高，成本回收快。建库前，先按当地的建筑方式构筑像住宅和仓库那样的房屋，每小间一扇门，大通间也只留一扇门，不留窗户。这样的建筑，小到10平方米左右的单间，大到50平方米以上的通间均可。房屋建成后，在室内的四壁墙上和顶棚上贴三层聚苯乙烯泡沫塑料保温板。第一层为容重大于14千克的保温板，用薄木条或塑料条及水泥钢钉固定在墙壁上；第二层贴上容重比较小的8厘米厚的聚苯乙烯泡沫保温板；第三层再贴上容重大于14千克的聚苯乙烯泡沫保温板，厚3厘米。各层保温板间和保温板与墙壁间，用专用的黏合剂固定。顶棚也是3层保温板结构，可采用反贴的形式，也可以采用加木龙骨架装的形式。施工要求各保温板间要错缝粘贴，所有的板缝都是碎泡沫和黏合剂封堵，或用聚氨酯现场发泡。其关键是板缝密封不跑冷。地面的10厘米厚的聚苯板铺垫后，做普通的承重水泥地面即可。若有现成的闲房和仓库，也可采用上述贴保温层的方法，将其改建成冷间，并注意要封严所有的窗口。贮藏5～10吨栗果的微型冷库，可配备国产4～5千瓦的制冷机组和一个蒸发面积为30～60平方米的冷风机。制冷系统可自动控制，一般不需要专人看守，根据板栗贮藏保鲜的要求，温度可在－1℃～1℃之间调节。

利用冷库贮藏板栗，首先要搞好库房的消毒和预冷。在入贮前10～15天，每平方米用10～20克硫黄，点燃后密封24小时，对库房进行消毒。新库可不消毒，但对果箱等包装材料可喷多菌灵杀菌剂500倍液，进行消毒处理。然后，对库房进行预冷，在入贮前7～10天开启制冷机，每天开机6～8个小时。经过3～5天即可使冷库温度稳定在0℃左右。但一定要注意，必须在开机前3～5天对整个制冷设备进行检修，以确保机组正常运转。

库房准备好以后，即可将经过发汗、散热、杀菌和杀虫等预处理的栗果包装和入库贮藏。板栗的冷藏一般采用内外两层包装，内包装用无毒聚氯乙烯塑料袋，袋厚0.03毫米左右，规格可根据外包装容器的大小而定。一般有大袋、小袋两种。大袋为70厘米×90厘米，装果20～25千克；小袋为60厘米×70厘米，装果15千克。大袋要事先刺数个小孔，以利于通湿透气。外包装一般用纸箱或木箱，将栗果装箱后，即可入库码垛贮藏。果箱在库内堆放不要太高，垛与墙之间、垛与垛之间和包装箱之间，要留出一定的空隙，以利于通风降温。板栗应严格掌握分期分批入库。每批入库后要及时降温。在第一批入贮果未降到要求的温度以前，不能再入下一批，否则易造成冷库因降温困难或长时间降不到要求的温度，而影响板栗的冷藏效果。

入库后的主要管理工作是，调节控制库内的温度、湿度和气体成分。其中又以温度的管理最为重要。一般入贮果全部入库后，应在7天内降到0℃左右，以后使库温维持在－1℃～1℃之间。小型冷库一般用风冷机组实现库温的自动控制，要选择好控温仪并预定温度控制范围。小冷库选用压力式温控仪作温度自控元件较为耐用，但精确度较差，可以配用1台数字测温仪表显示库内的温度，根据显示的库内准确温度，来调节压力式温控仪的控制点和波动范围。贮藏板栗应将温度控制在0℃左右，上下限波动在±1℃之间比较合适。推荐的小型冷库，一般都是自动控制温度。若采用手控系统时，要控制好机器的开关时间，不要使温度波动太大。冷库的相对湿度应控制在85%～90%。采用塑料袋包装栗果，可减少果实自身水分的散失，一般不需进行特别加湿。但是，如果库内太干燥，则可采用喷雾加湿。

冷库内的果实进行呼吸作用，不断放出二氧化碳和其他不利于果实贮藏的气体，如乙烯等。二氧化碳在库内积累浓度过高，会引起果实生理失调和品质变劣。因此，要适时通风换气。通风换气应选择在气温较低的早晨进行，在打开库门的同时，要开动制冷机，以减缓温度的升高速度。

7. 气调保鲜贮藏　这是目前国内外先进的果蔬贮藏保鲜方法。它采用二氧化碳含量小于10%，温度为－1℃～0℃，相对湿度为90%～95%的条件，可贮藏4个月。气调是指在冷藏条件下，对库内的氧气和二氧化碳进行控制。气调贮藏的关键措施是创造与普通空气不同的气体环境。所以，必须将贮藏产品封闭起来，避免外界空气的干扰。标准的气调库是冷库加密封设施和造气设备。由于此库建造费用高，管理复杂，因而目前在我国农村应用很少。但是，在冷库内用塑料薄膜大帐封闭调气，也是一种气调贮藏方式。塑料大帐制作简单，使用方便，价格低廉，易在栗产区推广使用。

塑料薄膜大帐封闭系统，是在板栗堆垛的上下四周，用0.1～0.2毫米厚的无毒聚氯乙烯薄膜包围封闭。栗果可以散堆，但一般都是先用纸箱或条筐包装，再堆成垛。进行板栗贮藏时，先在垛底铺垫底薄膜，在底层薄膜上堆放果箱（筐），果箱摆放好后，罩上薄膜帐子，并将帐身与垫底薄膜四边卷起，用沙压紧，同时将充气和抽气袖口扎紧，使帐子成为密闭的“贮藏室”。帐内气体成分的调节，初期封闭在帐内的是正常空气，空气的组成是氧气占21%，氮气占78%，二氧化碳只占0.03%。而适于板栗贮藏的气体组成是氧气3%～5%，二氧化碳5%～10%。这时的调气工作就要降低氧气的含量，增加二氧化碳的含量。可采用抽氧充氮的快速降氧法来实现。即先用抽气机将帐内气体抽出一部分，使帐内的四壁紧贴果箱，然后充入氮气，使帐子复原。如此反复几次，就可使帐内氧气迅速下降，达到要求的气体含量。

用塑料薄膜大帐贮藏板栗，需经常抽取气样，分析帐内的氧气和二氧化碳含量，尤其在扣帐初期最为重要，以便进行必要的调节。如果帐内二氧化碳浓度高于10%，就要加入少量熟石灰吸收。塑料大帐气调贮藏简单易行，但帐内温度不均匀，易影响保鲜效果。

(三)栗实贮藏中应注意的事项

板栗贮藏效果的好坏，首先取决于供贮板栗的质量，其次才是贮藏的技术和方法。因此，在选好贮藏品种的基础上，贮藏前务必严格把好七道关口，以确保贮藏的板栗完好。

第一，要使板栗在树上充分自然成熟，总苞自然开裂，栗实下落后要及时拾取。

第二，如用竹竿击苞采收，须待2/3以上栗苞开裂且经几个晴天之后，于晨露蒸发后采收。

第三，装卸运输过程要尽量减少机械损伤，以保持果壳完好。

第四，保鲜前先将板栗在室内摊开放置1～2天，让板栗散发出过多的水分，失重约10%时再转入保鲜处理。

第五，在摊开散发水分的过程中，要逐粒精选，剔除病虫粒、瘪嫩粒和果壳机械损伤严重或带污褐斑的籽粒，选留籽粒饱满、颗大粒重、壳色深老且略带光泽的健壮籽粒。然后再用清水洗净，并放在大的容器内进行水选，去掉浮于水面或半沉半浮于水中的籽粒，保留沉没于缸底的籽粒供保鲜之用。

第六，板栗在贮藏前要进行防虫、防腐和防发芽处理。防虫处理一般在塑料帐或密闭库内用溴甲烷熏蒸，用药量按每立方米

40～50 克掌握，熏 3.5～10 小时。

第七，认真搞好果实及库房或贮藏场所的消毒工作，严防贮藏期间发生病虫危害。

第十章 板栗病虫害的防治方法与自然灾害的防御

一、病虫害的防治方法

(一)苗木检疫

苗木检疫是国家主管部门通过法规形式,控制有害生物传播的防治方法。具体的做法是:对从外地引进的板栗苗木和接穗,进行植物检疫和消毒;种植无病苗木;对带有毁灭性病害的苗木,一经发现应立刻销毁;对一些检疫性及对生产危害极大的害虫,应杜绝其从种苗和接穗上传播蔓延到引种区。目前,除栗疫病被列为国内检疫对象外,在板栗引种区,一些危害性病虫或当地尚未发现的病虫,都应该属于检疫的对象。

(二)农业防治

强化农业栽培技术措施,有目的地改变板栗生长发育的一些环境因子,直接或间接地避免或减少病虫的繁殖和蔓延,以减轻甚至消灭病虫害。诸如,加强水肥管理,增强树势;有些栗腐烂病及害虫易从栗树伤口处侵入,因此,在耕作过程中要小心操作,不要损伤栗树的树干和枝条,不要让牲畜到栗园损伤栗树;秋冬季节深翻栗园土壤,清除林内及林缘的杂草和灌木,既可促进栗树生长,又能减少虫源;重视修剪,每年修剪1~2次,剪去内膛枝、徒长枝、病虫枝及虫瘿,以利通风透光,积累营养,减少病虫;注意补充磷、钾、硼等营养物质,提高树体抗病能力。

(三)物理防治

利用热、电、光、温应、湿度、放射能及简单器械，来防治病原和害虫，实现抑制其生长繁殖，消灭病虫的目的。比如，每年 3～6 月份在金龟子成虫盛发期，大量取食栗树嫩枝叶时，利用金龟子成虫有很强趋光性这一特点，安装频振杀虫灯进行诱杀，效果明显；夏季在树干上捆绑草把，11 月份将草把取下并烧毁，诱杀越冬幼虫；套种玉米或向日葵可诱集桃蛀螟，在采摘板栗前带出园外销毁，消灭其中的幼虫。

(四)化学防治

利用化学药剂防治板栗病虫，具有见效快、效果好等特点。比如，用敌敌畏加灭扫利防治新梢上的金龟子和蚜虫等；用克露或霜霉威刮涂，防治栗腐烂病。用粉锈宁加保尔丰加硼砂防治白粉病，并调节板栗的生理机制，补充所需营养元素等；用高效氯氰菊酯加敌敌畏防治栗瘿蜂、蚜虫等；用氯乳铜或可杀得，防治炭疽病。

(五)其他防治方法

超声波杀虫，利用 2.5 万赫兹声波，能有效杀死 3 米半径范围内的蛾、蚊、蝇等害虫；激光治虫，利用激光照射可致使螨类害虫不育，或将其杀死；气味灭虫，模拟雌性害虫的气味，吸引雄性害虫，能扰乱害虫的繁殖过程；电脑治虫，利用电脑预测害虫的发生，选择最佳的防治方案和最佳药剂配比，来有效防治害虫。

二、气候对板栗生产的影响及自然灾害的防御

(一)气候对板栗生产的影响

1. 板栗生产与降雨 北方板栗适应干燥气候。如燕山栗产区年降水量平均为400～800毫米,持续干旱年份降水量为200～300毫米。板栗虽较抗干旱,但板栗亦喜雨。北方有"旱枣涝栗籽"的说法。我国南方板栗多分布于多雨潮湿的地区,年降水量多达1 000～2 000毫米。降水量过多,阴雨连绵,光照不足,会导致光合产物积累少,坚果品质下降,贮藏性低。雨水多且排水不良时,还影响板栗根系正常生长,使树势衰弱,易造成落叶减产,甚至淹死栗树。在4～10月份的生长期下雨,能促进板栗生长与结实。南方栗区7～8月份的夏旱易导致栗树减产。

2. 板栗生产与气温 我国板栗适生范围很广,在年平均温度10℃～22℃,10℃以上年积温3 100℃～7 500℃,绝对最高气温不超过39.1℃,绝对最低气温不低于－24.5℃的条件下,均能正常生长。北方板栗与南方板栗对气温要求差别较大。北方板栗一般需要年平均气温10℃左右,大于或等于10℃年积温3 100℃～3 400℃。南方板栗要求平均气温15℃～18℃、大于或等于10℃年积温4 250℃～4 500℃。北方板栗的北界在我国寒冷地区的吉林省吉林市、四平市等地以北,年平均气温5.5℃、绝对最低气温－35℃的地方。板栗枝条的冻害气温为－22℃～－25℃,极限气温为－28℃。燕山板栗分布的北界,在河北省承德以北,年平均气温7℃～8℃的地区。此地区以北,板栗虽能够生长,但因成熟期温度不足,果实小,品质低劣,冬季有抽条现象,所以不宜作为经济栽培区。燕山山脉有经济栽培价值的板栗产区,北缘为河北省长

城外的兴隆、宽城、青龙一线(约北纬 40°),气温是限制板栗向北发展的主要因素。

3. 其他气候条件 花期微风有利于栗树传粉,但栗树抗风力较弱,且不耐烟害。

(二)自然灾害及其防御

1. 涝害及其防御 由于连续降雨,造成栗园长期积水引起明涝;地下水位升高或水在板栗根部蓄积,造成内涝暗渍。栗园出现涝害后,致使土壤通气不良,氧气含量降低,土壤温度下降,影响根系的正常生理活动,严重时导致根系大量死亡。从而影响板栗的生长发育,引起贪青或淹坏淹死板栗树,不仅使当年产量下降而且影响翌年的产量。

防御措施:一是建园时选择地势高燥、排水良好的地方。二是平地板栗园应在四周修筑排水沟,把多余的水顺沟排出,或采用深沟高畦(台田)栽植法,降低地下水位。山地果园,在做好水土保持的基础上,在梯壁内侧疏通水道,排去余水。三是对已受害的板栗树,排水后及时松土散墒,增加土壤通气性,促使根系功能尽快恢复。四是运用综合技术,促进枝条充分木质化,秋雨过多出现秋梢时,应在 9 月中旬剪梢,以减少消耗。

2. 冻害及其防御 主要指板栗树在休眠期内受零下低温的伤害,而使细胞和组织受伤或死亡。

防治措施:一是选育和应用抗寒品种。这是防治冻害的最根本而有效的途径。二是选择适宜的园地环境条件,建园时注意果园小气候,适当集中。三是选用抗寒性强的砧木进行嫁接,提高抗寒能力;也可用深沟栽植的方法减轻根系的冻害。四是加强树体管理,夏秋防治病虫害,合理修剪以促使新梢及时停止生长,充分成熟,同时对树体加以保护,如树干包草、根颈培土和涂白喷白等。在肥水管理上,注意营养物质的积累,以利于过冬。控制浇水,使枝条生长充实。

3. 霜害及其防御 在板栗生长季节由于急剧降温，水汽凝结成霜而使幼嫩部分受冻。

防御措施：一是采用加温法，用加温器具提高果园温度。二是采用吹风法，利用大型鼓风机对栗园吹风，吹散栗积的冷空气，对辐射霜冻有一定预防效果。三是喷水，或根外追肥，或在霜前大量灌水，推迟萌芽，躲避霜害；利用植物激素等药剂或涂白喷白等措施，推迟果树萌芽，躲过早春回寒，免受霜冻。四是霜冻发生后采取挽回措施，如加强管理，增强树势，对没有冻落的花蕾，在开花时进行人工辅助授粉。

4. 冻旱及其防御 冻旱指幼龄板栗树越冬后枝干失水干枯。

防御措施：一是加强综合管理，提高栗树越冬能力；合理施肥、浇水，并加强其他田间管理，使栗树生长发育正常，保证春梢及时停止生长，增加营养积累；果实采摘后减少氮肥和水分供给量。二是营造防护林，改善栗园小气候，减少抽条。三是在果树落叶后、大地封冻前，浇灌封冻水，保证在栗树冬春季节对水分的需要。

5. 其他自然灾害及其防御 风害、旱害和雹灾等灾害，对板栗生产的影响也很大。

防御措施：一是注意板栗园地点的选择，避免在经常发生某种灾害的地点建园。二是积极改造自然条件，例如大面积建立防护林等；增施有机质，改良土壤；搞好水土保持工作等，均有利于防止灾害的发生。三是坚持适地适栽的原则，选择适于当地发展的板栗品种，在某些灾害经常发生的地区，更应选用抗性强的品种。四是加强栗园综合栽培管理，保持树势健壮，增强抗性。此外，在干旱地区，采取中耕、除草、覆盖、蓄水、加深根系分布等抗旱栽培措施；在易于发生雹灾地区，打炮消雹，避免雹灾的发生。

思考题

1. 栗实成熟的标志及其采收方法是什么？
2. 影响栗实贮藏的因素有哪些？
3. 栗实贮藏的方法各有哪些特点？
4. 如何防御板栗生产中的自然灾害？

附　录

板栗丰产栽培周年管理工作历

物候期	主要管理作业内容		
	地下管理	地上管理	病虫害防治
休眠期（12月份至翌年2月份）	1. 深翻改土。结合深翻施入基肥。以有机肥为主，适量混入磷、钾肥和硼肥 2. 水土保持。山地栗园修筑梯田、鱼鳞坑等水土保持工程 3. 扩穴。从栽植的第二年开始，3～4年完成扩穴任务 4. 整地。12月底以前完成整地挖穴任务，以利土壤风化	1. 冬剪。幼树整形修剪，采用低干、矮冠、自然开心树形，培养3～4个主枝，对外围掌状枝见五截二，见三截一；成龄树修剪，去弱留强，每平方米留结果母枝8～12个 2. 结合修剪，采集良种接穗。对良种接穗，沙藏或蜡封后备用 3. 低产园改造。采用逐年更新、大更新或截干的方法，进行低产园改造	1. 虫情测报。做好淡娇异蝽、栗瘿蜂、红蜘蛛、桃蛀螟、剪枝象等病虫害的预测预报工作 2. 剪除病虫枝。将病虫害枝剪除，清出栗园，集中深埋或烧毁 3. 种苗检疫。加强对苗木、种子、接穗的检疫工作，防止将危害性病虫害带入新区 4. 树干涂白。用白涂剂涂抹栗树树干
萌芽期（3～4月份）	1. 追施雌花分化肥。3月底或4月初施尿素、复合肥或板栗专用肥0.2～0.5千克/株，山地栗园可趁墒深施 2. 浇水。结合施肥和土壤墒情，适时灌水，确保栗树健壮生长 3. 间作。间作中药材或低秆农作物	1. 高接换优。采用插皮接、插皮舌接或劈接等方法，进行高接换优和树体改造，接后注意除萌，新梢长到30厘米时摘心，绑防风支架 2. 培育嫁接苗。嫁接适期为萌芽前后20天 3. 腹接补枝。内膛空虚的大树，在骨干枝光秃部位用腹接法补枝。	1. 淡娇异蝽。4月上旬若虫上树后，喷洒90%晶体敌百虫1000倍液防治 2. 栗瘿蜂。剪除虫瘿；保护利用天敌；树冠喷洒50%杀螟松乳油1000倍液 3. 栗疫病。刮除病斑，深达木质部；用10%抗菌剂402 400～500倍液加0.5%菌毒清涂抹病部，将刮下的组织集中烧毁

续附表

物候期	主要管理作业内容		
	地下管理	地上管理	病虫害防治
新梢生长与开花期（5～6月份）	1. 追施坐果肥。施尿素或复合肥0.5千克/株 2. 松土除草。加强抚育管理，适时松土除草 3. 灌水。结合施肥和土壤墒情，及时浇水 4. 间作。间作绿肥、豆类或旱秋作物	1. 嫁接后管理。及时除萌，适时解绑，设防风柱 2. 摘心。幼树、高接换优树和低产树改造树，新梢长到30厘米时摘心 3. 疏雄。疏除雄花量的90% 4. 叶面喷肥。5月份和6月份各喷1次浓度为0.3%的尿素溶液	1. 金龟甲类。利用成虫假死性进行捕杀；喷石灰多量式波尔多液；树冠喷药和地面喷药相结合防治 2. 剪枝象甲。利用成虫假死性进行捕杀；收集被害栗苞深埋或烧毁；喷90%敌百虫1000倍液防治成虫 3. 栗红蜘蛛。用药剂涂干。越冬卵孵化后，喷洒20%螨死净悬浮剂3000倍液，或5%尼索朗乳油2000倍液防治；保护和利用天敌昆虫
果实膨大期（7～8月份）	1. 追施果实膨大肥。施尿素、硫酸钾各0.3千克/株 2. 松土除草。适时中耕、松土除草 3. 灌　水	1. 摘心。7月中旬以后停止摘心 2. 清理果园。清理园内杂草和灌木，准备采收	1. 桃蛀螟。利用黑光灯和性信息激素诱杀成虫；选用短效农药或有内吸作用及仿生合成农药进行防治 2. 栗实象甲。利用成虫假死性进行人工捕杀；地面喷洒5%辛硫磷粉剂毒杀成虫

续附表

物候期	主要管理作业内容		
	地下管理	地上管理	病虫害防治
采收期(9～10月份)	秋施基肥。10月底按每产1千克栗实施入5千克有机肥，并混入适量的磷、钾肥，开沟施入	采收。当栗苞表面变黄，有50%栗苞开裂时可1次采收	1. 栗实象甲。将采收的栗苞集中脱粒，诱杀脱果越冬幼虫 2. 桃蛀螟。采收时及时脱粒，防止幼虫蛀入坚果；用溴甲烷熏蒸栗实，杀死幼虫。
落叶期(11月份)	1. 深翻改土 2. 施基肥 3. 修整水土保持工程 4. 建园整地	清理栗园。清除枯枝落叶，深埋或烧毁，减少病虫源	防治栗实腐烂病。栗实贮藏时用托布津500倍液浸果3分钟，可防治栗实腐烂病；定期检查，发现问题，及时处理

主要参考文献

[1]　张宇和,柳鎏,梁维坚,等.中国果树志(板栗　榛子卷).北京:中国林业出版社,2005

[2]　曲泽洲,潘季淑,闪崇辉.北京果树志.北京:北京出版社,1990

[3]　冯永庆,秦岭,李凤利.板栗栽培技术问答.北京:中国农业大学出版社,2007

[4]　许天龙,冯永巍,吴智敏,等.我国板栗生产现状与发展对策.浙江林业科技.2000,20(5):78—82

[5]　周学森,朱贤东.板栗丰产栽培新技术.北京:北京出版社,2000

[6]　秦岭,王有年,韩涛,等.板栗三高栽培技术.北京:中国农业大学出版社,1998

[7]　李党训,刘小娟,李培旺.板栗品种重要经济性状遗传多样性研究.林业科技开发.2007(6):35—38

[8]　姜培坤,徐秋芳,邬奇峰,等.施肥对板栗林土壤养分和生物学性质的影响.浙江林学院学报.2007,24(4):445—449

[9]　张玲,尹伟伦,王华芳.板栗胚珠培养研究初报.北京林业大学学报.2007,29(5):90—105

[10]　曹尚银.板栗优质无公害丰产栽培.北京:科学技术文献出版社,2005

[11]　张宇和.板栗.北京:中国林业出版社,1986

[12]　张俊华.板栗优质高效栽培技术.郑州:中原农民出版社,1996

[13]　张铁如.怎样提高板栗栽培效益.北京:金盾出版社,

2006

[14] 徐月,曹庆芹,冯永庆,等. 短雄花序板栗芽变的AFLP分析. 园艺学报. 2006,33(6):1321—1324

[15] 王清章,严守雷,彭光华,等. 板栗贮藏方法对比研究. 农业工程学报. 2002,18(4):127—130

[16] 刘振岩,李震三. 山东果树. 上海:上海科学技术出版社,2000